U0397717

萌宠团队之
汪星人
健康攻略

主编 赵洪进 龚国华

上海科技教育出版社

图书在版编目（CIP）数据

萌宠团队之汪星人健康攻略/赵洪进，龚国华主编. ——
上海：上海科技教育出版社，2023.8
ISBN 978-7-5428-7965-3

Ⅰ.①萌… Ⅱ.①赵… ②龚… Ⅲ.①犬—驯养 Ⅳ.
①S829.2

中国国家版本馆CIP数据核字（2023）第097403号

责任编辑　蔡　婷　姜国玉
装帧设计　杨　静

萌宠团队之汪星人健康攻略

主编　赵洪进　龚国华

出版发行　上海科技教育出版社有限公司
　　　　　　（上海市闵行区号景路159弄A座8楼　邮政编码201101）
网　　址　www.sste.com　　www.ewen.co
经　　销　各地新华书店
印　　刷　上海盛通时代印刷有限公司
开　　本　720×1000　1/16
印　　张　11.25
版　　次　2023年8月第1版
印　　次　2023年8月第1次印刷
书　　号　ISBN 978-7-5428-7965-3/N·1190
定　　价　78.00元

编写者名单

主　编

赵洪进　龚国华

副主编

张树良　夏炉明　沈　悦

编　者

李增强　朱晓英　陈伟锋　常晓静　盛文伟

王　建　俞向前　卢春光　王曲直　曹佳慧

绘图者

袁梓涵

前　言

　　随着我国国民经济的快速发展和人民生活水平的不断提高，人们在享受物质生活的同时，也需要情感寄托，以及生活上的陪伴和帮助，于是许多人选择了饲养宠物。面对越来越多的饲养者和爱狗群体，十分有必要全面科普有关科学养犬、文明养犬、依法养犬、健康养犬的知识，以期营造科学、文明、和谐、健康的养宠社会氛围。为此，上海市动物疫病预防控制中心组织从事宠物疾病、人兽共患病防控和兽医公共卫生等方面的专家，从2020年5月起，在《东方城乡报》开设"宠物饲养与市民健康"专栏，宣传如何科学饲养各类宠物和人兽共患病防控等的内容，受到广大读者的喜爱。为进一步满足更多读者的需要，编写组汇集专栏内容，根据目前养宠人的需求，整理编写了萌宠团队系列丛书。

　　本书内容分为四个部分，第一部分汪星人的自我介绍，主要介绍狗与人的关系、狗的基本特点、如何选择合适的狗和饲养前要做的准备；第二部分汪星人的日常养生，介绍了拥有狗后如何科学饲养和健康护理的基本常识；第三部分汪星人和主人抵抗疾病，列出了日常饲养中狗常见疾病的防治要点和共同生活中人兽共患病的预防措施，以保障狗和主人的健康和社会公共卫生安全；第四部分汪星人在农村或城市的不同生活，从依法养宠、文明养宠的角度分别对城市养狗和农村养狗中常见的相关问题提供科学、权威的解释及解决办法。

编写中力求全面、简明、扼要和通俗易懂。采用提出问题进行解答，并结合形象、生动的卡通插图的方式，旨在提高读者阅读的兴趣，帮助其更好地理解科普内容。

全书图文并茂，融科学性、知识性、实用性、权威性于一体，叙述方式灵动、活泼，贴近读者视角，兼具理性和感性，内容丰富全面，可供宠物爱好者和饲养者查阅参考。

由于编者水平有限，编写时间仓促，书中肯定有错误和不当之处，敬请读者批评指正。

编　者

目 录

I

第二部分　汪星人的日常养生

第三部分　汪星人和主人抵抗疾病

汪星人症状解析

人兽共患病——保护主人健康

第四部分　汪星人在农村或城市

第一部分

汪星人的自我介绍

汪星人的由来

1. 狗狗是从哪里来的

你知道狗狗的起源吗？

狗狗具有悠久的历史，其诞生可以追溯到数千万年前，当时生活着一种体小尾巴长，又擅长奔跑的原始食肉类动物——麦芽西兽。麦芽西兽是熊和所有犬科动物的祖先，也是最早、最原始的狗。

狗作为人类最早驯养的家养动物之一，已陪伴人类数千万年。狗在人类生活中扮演着不可替代的角色，在侦察、搜救、看守、送信等方面，它都能独立完成。在帮助人类工作的狗中，牧羊犬、纽芬兰犬、藏獒、向导犬、警犬等都是出色的犬类。广大农村饲养的中华田园犬拥有极强的生命力与适应能力，也是一种优秀的犬种。狗是第一个进入太空的动物，19世纪50年代，世界上较早的宇宙飞船——斯普特尼克2号搭载的动物里就有一条狗。

2. 古代历史里的狗狗

狗狗作为人类最好的动物朋友，在我国繁育出了很多品种，经过数千年的历史演变，所有能生存并保留至今的都是经过优胜劣汰后比较优秀的犬种。

第一个犬种是鹰獒，它是藏獒基因突变后诞生的犬种，在古代只有皇室成员和活佛才可以饲养。鹰獒体形很小，成年后身长 26~30 厘米（8~9 寸），身高 16~20 厘米（5~6 寸），可以放进人宽大的袖筒里。

第二个犬种是松狮犬，它的历史至少有两千年。早在汉朝的一些历史记载中就已经有松狮犬的存在，当时，松狮犬是汉室宗亲专用的狩猎用犬种。随着时间的推移，松狮犬狩猎的用途已经逐渐淡化，这种忠诚威武的狗狗，慢慢转变成护卫犬或宠物犬。

第三个犬种是京巴犬，是我国最古老的犬种之一。在秦始皇时期就已经有京巴犬的踪迹，一直到清朝，这种狗狗依旧深受皇室成员的喜爱。清朝皇室还专门设立培育纯种京巴犬的机构，所以京巴犬还有一个名字叫做"宫廷狮子狗"。

第四个犬种是中国细犬，是我国本土分布最广泛的猎犬。它分为陕西细犬、蒙古细犬、山东细犬等。细犬身材修长、外貌俊美，深受养狗的人喜爱。

3. 狗狗任务：治愈和帮助人类

狗狗生来就是治愈人类的，怎么都喜欢不够！

研究发现，养狗有助于人的身体健康，能多方面辅助治愈人类疾病。

（1）减轻压力　生活中总有各种压力，压得人喘不过气，人们看到狗狗的那一刻，压力很快得到缓解。因为和狗在一起的时候，能够让我们内心平静下来，减少焦虑和紧张的情绪。当狗狗笑着投向我们怀抱的时候，内心的烦闷就会减轻或消失，看到欢快奔跑的狗狗，心情也会变得开朗。

（2）坚持运动　狗需要一定的运动量，如果不遛狗，它无处发泄精力，会在家搞破坏，随地大小便。在遛狗的过程中，主人和狗狗奔跑玩耍，同样可以得到锻炼。每天遛狗，还能帮助主人养成良好的运动习惯，保持愉悦的心情。

（3）扩大社交　养宠是目前年轻人的一种生活态度，每个地方都有养宠群体和宠友，他们会建立交流群，互相分享养宠经验。在一起遛狗的时候，互相分享自家宠物的趣事，探讨保持狗狗健康的知识，养宠人在一

次次宠物团建活动中扩大自己的社交圈子。

（4）丰富生活　不管是孩子，还是上班族，或者是老年人，有狗狗陪伴，能让自己的生活更加丰富。狗狗能陪伴孩子成长，能缓解上班族的精神压力，能排解独居老年人心中的孤独感。

（5）治疗疾病　据研究，养狗能够帮助主人改善心血管功能，降低血压和血脂，有助于保持心血管健康，减少心脏病发作。狗的嗅觉非常灵敏，能够嗅出人体内的异常变化，经过一定训练的狗可以嗅出很多人体疾病。狗还可以辅助缓解抑郁症症状，预防阿尔茨海默病，减轻养狗人压力，并提供抚慰和陪伴。

（6）帮助人类更好地生活　狗是人类的朋友，它很有灵性，可以明白主人的情感。经过训练，可以完成很多事，如导盲、搜救、防爆、抓捕、打猎、看门、护卫等，在地震灾害搜寻现场、抓捕现场及设有各种关卡等场地均发挥着重要作用。

4. 养狗的名人趣事

狗狗能俘获所有人的心。

（1）苏东坡与狗　苏东坡是"唐宋八大家"之一，有养宠物的习惯。苏东坡养的狗，名叫"乌觜"，据说他给狗起的这个名字，是为了对应西晋文豪陆机的"黄耳"——陆机非常喜欢的一只狗。

苏东坡养狗的同时，还花心思给狗写诗，诗中除了描绘乌觜的种种长处，"何当寄家书，黄耳定乃祖"的句子更是把黄耳说成乌觜的

祖先。

（2）阿兰·德龙与狗　曾出演经典电影《佐罗》的法国演员阿兰·德龙，因形象俊美，被誉为"一代男神"。他的生活里没有美女和罗曼史，反而一生都与狗有着不解之缘。阿兰·德龙从小就喜欢养狗，有一次因为养的狗做了错事，动手打了它，看到狗狗眼角的泪光时，他的内心极为震撼和复杂。后来，阿兰·德龙主动学习了很多与狗相关的知识，学习如何正确教导狗、与狗相处和沟通，而不是简单粗暴地用打骂来教育它们。

（3）美国总统与狗狗　除特朗普外，美国总统基本都有在白宫养宠物的传统。在所有的白宫宠物中，狗深受美国总统们的喜爱。美国第30任总统卡尔文·柯立芝甚至表示，不喜欢狗且不养狗的人不应住在白宫。富兰克林·罗斯福的爱犬法拉可能是白宫中最有名的宠物狗之一，它的全名是"法拉希尔的不法之徒莫瑞"（Murray the Outlaw of Falahill），是罗斯福一个苏格兰先辈的绰号。罗斯福还曾亲手为爱犬做生日蛋糕，庆祝它的生日。

（4）普京与狗狗　俄罗斯总统普京对狗狗的热爱可以追溯到1999年，那是普京首次担任俄罗斯代理总统时的事情。那一年，普京的妻子柳德米拉带回来一只白色的小狗，取名为"托斯亚"，之后这条小狗成为他们全家的宠儿。

1年后，普京在俄罗斯联邦遇见了一只搜救犬，名叫"科尼"。后来，科尼也成为普京的宠儿，陪伴普京十多年。不仅长期生活在普京的办公区内，还经常活跃于莫斯科郊区的总统别墅内。科尼还一度成为普京"外交"的陪同，陪着普京一同接见外国政要人员。

拥有一只汪星人

1. 养狗也要双向选择

> 爱，从来都是双向选择。

不是所有人都适合养狗，要具备以下条件，才适合养狗。

（1）有空闲时间　养狗是一件挺麻烦的事，需要占用很多时间和精力，如给狗狗洗澡，每天保证一定时间遛狗，按时喂食和护理等琐事。现代人生活和工作压力不断增大，焦虑、抑郁等情绪不断滋生，期盼在工作、学习之余，能有可爱的狗狗陪伴，却忽视了自己的时间和精力。是否还有多余的时间和精力去做这些事？能不能把狗狗照顾好？如果不确定，那就先别养。

（2）有经济基础　养狗需要不小的开销，狗狗的吃喝拉撒都得花钱，比如狗粮、狗零食、狗营养品、狗玩具等，狗美容护理和医疗健康消费也

是笔不小的开销。

（3）有固定居住所　狗是很活跃的动物，需要一定空间去释放精力。养狗前，一定要了解一下自己所住的地方是否适合养狗，有没有明确的禁止养狗的规定，或者家里是否有足够空间去养狗。

（4）有责任感和耐心　狗再聪明，还是有动物本性的一面，有很多东西它不懂，也不理解我们人类，所以经常会做错事，甚至闯祸。这时候，就很考验我们的耐心和责任心。我们要有充足的耐心教它学好某些技能，与它更好地沟通。

（5）经同住人同意　在养狗之前一定要征得家里人或同住人的同意，因为不是每个人都会喜欢狗，事先做好这个工作，以免因为养狗这件事破坏与家人、朋友之间的关系，得不偿失。

2 如何选择狗狗品种

小孩才做选择，大人都要！

当决定养狗时，选择饲养品种成为首先要考虑的问题。世界各地对狗的品种分类中，已知的有 340 多种。美国养狗俱乐部（AKC）目前认可的狗品种有 193 种。在诸多品种中，没有一个共同标准来衡量品种的好坏，每个品种都有其各自的优缺点。

如果考虑饲养中小型狗，可选择德国博美犬、吉娃娃、约克夏犬、贵宾犬、银狐犬、京巴犬、马尔济斯犬、拉萨犬、喜乐蒂牧羊犬等。这些狗的优点是体形不大，外观漂亮，容易与人亲近，乖巧、听话，适合养在室内。

如果考虑饲养大型狗，可选择拉布拉多猎犬、金毛寻回猎犬、苏格兰牧羊犬、拳师犬、伯恩山犬、纽芬兰犬、寻血猎犬、大丹犬、英国古代牧羊犬、圣伯纳犬等。这些狗的优点是喜欢与人接近，成熟、稳重，能够安

于居家生活。但这些狗由于体形较大，运动量大，需要有与之相适应的饲养场所。

在饲养前应格外注意养狗安全，为了市民的人身安全和公共安全，各地出台法规禁止个人饲养烈性犬，并公示禁养犬只名录。

对于想要养狗狗的人来说，考虑不同的目的、用途，了解各种狗狗品种的特点和习性，再去选择适合自己的狗，将事半功倍。

3.狗狗的生活习性指导

爱它，就要了解它的全部。

提高对狗狗生活习性的了解，在饲养护理中能给狗最合适、最科学的管理和照顾。

狗狗的生活习性主要有5点。

（1）喜欢吃肉　狗是杂食动物，以肉食为主。在喂养时，需要在饲料中配制较多的动物蛋白和脂肪，并辅以素食成分，以保证狗狗的正常发育和健康体魄。

（2）喜欢啃咬骨头　注意不要饲喂鸡、鸭的骨头，这些骨头咬碎后

形成尖刺，可能会划伤狗的食管，甚至刺穿狗的肠子，或造成肠道梗阻和破裂。

（3）领域观念强烈　狗习惯用尿液、有特殊气味的肛门腺分泌物、趾间汗腺分泌的汗液来标记它的"势力范围"。

（4）很强的记忆力、妒忌心和羞耻心　狗永远不会忘记曾经亲密相处的人和住过的地方。狗的妒忌心很强，会对其他狗作出攻击性行为；也有羞耻心，如果做了错事或者毛被剪得太短，它就会躲起来表示害羞。

（5）有嗅生殖器和爬跨的习惯　狗最重要的感官功能是嗅觉，经常嗅舔环境中碰到的东西，如嗅闻其他狗的外生殖器部位。如果狗狗有爬跨人的习惯，应从小帮它及时纠正。

4 如何判断狗狗的年龄

你猜我多大？肯定不满十八。

狗的平均寿命为15岁左右，小型犬的寿命要比大型犬长一些。狗的

寿命长短与饲养品种、生活环境、营养状况、饲养方式、医疗条件等有很大关系。狗的年龄，主要根据其牙齿生长发育、磨损、脱落和狗毛发的情况来综合判定。

2月龄以下的幼犬仅有乳齿，牙齿特点是白、细、尖锐。

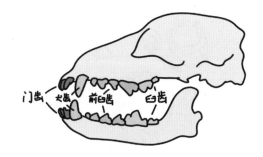

门齿 犬齿 前臼齿 臼齿

2~4 月龄的狗会逐渐更换门齿。

4~6 月龄的狗会逐渐更换犬齿，牙齿变得白、牙尖圆钝。

6~10 月龄的狗会更换白齿。

1 岁的狗，牙齿长齐，洁白光亮，门齿没有尖突。

2 岁的狗，下门齿尖突部分磨平。

3 岁的狗，上门齿尖突部分磨平。

4~5 岁的狗，上、下门齿开始磨损，呈微斜面，并发黄。

6 岁左右的狗，牙齿结石量相当多。

7~8 岁的狗，牙齿开始松动，下颚的门齿被磨成圆形。

超过 10 岁之后的狗，患有齿槽脓漏的门牙开始脱落。

5.万事俱备，才能养狗

养狗要先准备狗狗"彩礼"的！

养狗不是一件简单的事情，把狗带回家之前建议准备好如下用品。

（1）狗笼或狗窝 准备一个尺寸合适的狗笼或狗窝，可以在里面铺上干净的毛巾或尿垫供狗休息。给狗专属的"领地"，帮它建立起初步的安全感。

（2）尿垫　狗狗到家以后，及时训练定点大小便，可将准备好的尿垫放在固定位置，或用尿垫蘸取狗的排泄物后再放到固定位置。如果带狗到户外排泄，一定要定时、定点出门，这样有利于狗形成规律的排便习惯。

（3）食盆和水盆　建议选底部大、稳定性好、带有防滑垫的狗狗专用食盆和水盆。

（4）狗粮　建议选择专业狗粮生产商生产的、适口性好的商品化狗粮。

（5）牵引绳　出门遛狗，必须佩戴牵引绳，建议选择手感舒适、易操作、适合狗狗体形的牵引绳。

（6）玩具　可以准备一些玩具，增加狗和主人的互动，培养狗和主人的感情，愉悦的心情也有利于狗尽快适应新环境。

6.选择幼犬要注意

可爱的小狗就是吸不够啊!

如何买到靠谱小狗?

（1）选择购买幼犬的场所　购买幼犬时一定要选择靠谱的出售机构，建议去正规繁殖的犬舍或者宠物店购买，也可以去动物收容中心领养一只幼犬。

（2）确定幼犬的品种　选购幼犬前主人最好做功课，对心仪的幼犬品种的特性有所了解，也要考虑饲养环境所适合的幼犬体形等问题；同时根据主人实际情况，挑选性别和性格合适的幼犬。

（3）观察幼犬的健康情况　健康的幼犬活泼、精神状况良好，食欲好、排泄正常。健康幼犬还有以下特征：眼睛明亮、灵活有神，听觉反应灵敏；鼻镜湿润，眼、耳、鼻均干净、无分泌物，耳内无臭味，用手背碰触鼻子有冰凉感；口腔黏膜和舌头颜色红润；全身包括四肢和尾巴的皮毛没有秃毛、皮屑、外寄生虫或瘙痒现象；外观无异常，尾巴、肛门四周干净；通过逗玩，观察幼犬行动正常、无跛行等。

（4）保留购买凭证　向商家索要幼犬的疫苗接种、驱虫记录和购买凭证，同时，应向商家了解幼犬的狗粮来源，要尽量选择同一品牌狗粮。因为如果因为品牌突然改变，幼犬可能会很不适应，甚至拒食。

7. 拒绝"星期狗"

爱要长久，一星期哪够！

很多人都想拥有一只属于自己的健康狗狗，但又担心遇到"星期狗"而迟迟不敢饲养，那么什么是"星期狗"呢？

"星期狗"是指购买的时候，狗狗非常精神、活泼可爱，可是饲养几天，一般不超过一星期，就开始生病，严重的甚至出现死亡。

"星期狗"的成因

"星期狗"的成因有以下两个方面。一方面是狗本身有病，购买时外

观正常。这种狗来源不明，可能携带各种病毒和
病菌，也没有接种疫苗，商家在出售时，采取一
些方法使狗暂时表现精神活泼、食欲旺盛，购买
人一般没有鉴定狗狗健康的经验，在这种情况下，
主人带回饲养几天后，狗狗往往就开始生病了。
另一方面是部分主人由于是第一次养狗，不知道
该如何去照顾狗。由于幼犬体质较弱，不当的饲
养方式会导致狗生病，造成"星期狗"的假象。

避免买到"星期狗"

在购买狗时，要严格选择购买渠道或者从熟悉的收容中心领养。选择
依据主要如下。

（1）看神态 健康狗应是两眼有神、耳尾灵活，当有人接近时反应
迅速，表现为主动亲近或者避开。

（2）看整体 观察狗的行动是否灵活，步态是否稳健，被毛是否整
洁光滑，肌肉是否丰满匀称，四肢是否对称健壮，体表皮肤是否有癞皮、
脱毛和丘疹（小疙瘩）等。

（3）看眼睛 健康狗的眼睛明亮而有神，睫毛干净整齐，眼圈微带
湿润。许多疾病会伴有眼睛异常的反应，如眼结膜充血、潮红，多是一些
传染病、热性疾病的征兆；眼结膜黄染，则说明狗的肝脏可能有病变；眼
结膜苍白，多由贫血引起；眼角膜浑浊、有白斑可能是犬瘟热中后期；眼
角膜呈蓝灰色，则有可能是患有传染性肝炎等疾病。

（4）看鼻部　健康狗的鼻尖应该是湿润而有冰凉感。如果发现狗有很多鼻涕或者鼻头干燥等情况，说明它可能患有呼吸道疾病，如流行性感冒、犬瘟热等。

（5）看下腹部　如狗肚脐周围、下腹部有明显的球状突起，则多是狗患有脐疝、阴囊疝的表现，一般要通过手术治疗。

第二部分

汪星人的日常养生

汪星人的基础养护

1. 狗粮不可随便喂

吃的不是狗粮，是健康！

选择狗粮

选择有品牌保障的狗粮，保证质量的同时能提供较好的售后服务。再根据经济能力，选择一款适合狗狗的性价比高的狗粮，以后不要轻易更换。

看狗粮的颜色和颗粒。优质的狗粮颗粒比较完整，大小均匀，表面粗糙，有肉类纤维物质。市面上五颜六色的狗粮是为了吸引主人，大多数添加了色素，不建议购买。

闻狗粮的味道。一款优质的狗粮，一般会有一股淡淡的肉香味，香味自然。如腥臭味太大，或者香气过于浓烈的狗粮，都是添加了香精，有诱食剂，不建议购买。

根据狗的生长阶段来选择狗粮，狗狗处于不同生长阶段所需的营养也有所不同。市面上将狗粮分为幼犬粮、成犬粮或老年犬粮，主人要根据狗狗的具体情况来选择。

购买后试用一下，看狗是否爱吃，同时观察其食用后的大便是否成形、有无异味，食用后全身皮肤和毛发有无变化。

更换狗粮的注意事项

建议不要轻易更换狗粮。但实际中由于各种原因而需要更换一款狗粮时，该如何完成换粮而又不影响狗狗健康呢？

更换狗粮，一要考虑营养，二要确保来源稳定，三不要一次性把狗粮全换成新的，应该循序渐进，将新旧狗粮混合，让狗慢慢适应再完全替换。建议用一周以上的时间让狗适应新的食物，因为狗的肠胃比较敏感，突然换粮，非常容易造成肠道菌群失调，导致它出现腹泻和呕吐的反应，影响健康。

更换狗粮具体做法：第一天在狗狗的狗粮里加入 10% 的新狗粮，第二天增加到 20%，第三天增加到 30%，以此类推，慢慢增加新狗粮的比例。通常 7~10 天就可以把新狗粮完全替换过来，这样狗狗有一个逐步适应的过程，就不会出现肠胃问题。

更换狗粮的次数不能太勤，以免狗狗的肠胃没有时间适应，也不能一直不换，否则会导致狗狗出现挑食、营养不全面等不良后果。

喂食狗粮

喂食狗粮应当做到"定时、定点、定量"。固定狗粮的容器和餐盘，固定喂食的时间，固定狗粮放置地点。尽量做到每次喂狗狗后餐盆中不要有剩余狗粮。

喂食的次数建议 1~2 月龄每天 4~5 次，3~6 月龄每天 3~4 次，7~12 月龄每天 1~2 次，12 月龄以上每天 1 次。如何掌握每次喂食的量？先查看外包装袋的配料表和说明书，一般会标明适用的狗狗年龄、体重，以及参考喂食量，尽量不要购买无包装的散狗粮。由于每只狗的消化吸收情况、运动量等有差异，这个参考量也要灵活掌握。

狗每次吃剩的狗粮要及时取走，以每次吃完的量为好。狗粮剩了，说明量多了，第二天给少点，直至每次可以吃光的量作为每次合适的饲喂量。每次狗粮放置的位置要固定，选择好了喂食时间，也要相对固定。

2 狗狗不能喝自来水

自来水，狗也不能喝！

一般情况下，建议狗狗每天饮水量为50~60 mL/kg体重，保证饮水干净、新鲜、量足。由于自来水中含有杂质、细菌和消毒剂等，会影响狗的肠道健康，不建议主人给狗喝自来水；也不建议喝含有丰富矿物质的矿泉水，因为其中的矿物质超过狗本身需求量，容易在狗体内蓄积，可能无法及时排泄，长期饮用，供大于求，可能会导致狗患肾结石。

建议给狗喝冷却的开水或纯净水，因为开水在煮沸的过程中可以有效杀灭水中大多数的微生物、病毒、寄生虫等病原体，也可以让过多的矿物质沉淀下来；而纯净水是自来水通过蒸馏、反渗透、电离等多重工艺制成的，水质干净、无杂质。如果狗有泌尿系统的结石等问题，推荐饮用纯净水。

建议勤换水、勤清洁、勤消毒水盆。

3. 狗狗超喜欢吃零食

零食，谁不爱呢！

给狗挑选零食的时候要先了解它的原料、配料的添加情况及适口性等。选择原材料和添加物标明清晰的零食。

原材料要求新鲜、天然。尽量选择含糖量低的、富含动物性蛋白质的零食。过多的化学添加剂、诱食剂、色素成分会危害狗的身体健康。

要求零食质地适中、适口性好。如果零食质地太硬，狗狗牙釉质可能会被刮得太厉害，导致其牙齿过度磨损，在某些情况下，会出现牙齿脱落情况或者加速牙齿的脱落。

如果零食质地偏软，主人又不给狗刷牙清洁口腔，零食的残渣就会附着在牙齿上，长期会出现牙周病、口臭等问题。最好给狗选择软硬适中的、能磨牙的零食，辅助狗去除牙结石和口臭。

4.狗狗挑食？不可能

狗狗：不是我挑食，是确实不好吃！

对于狗挑食，要先寻找原因，然后采取相应措施纠正。狗狗挑食原因多种多样，除了生病导致突然厌食外，还可能有以下几个常见原因：狗粮选择不当，狗不爱吃；平时过多给狗各种零食，或吃人吃的食物；喂食过量，不加限制，有时狗稍微胃口不好，主人就会往狗粮里拌肉、拌罐头食品，让狗随时可以吃到食物；缺乏运动。

纠正狗挑食，可以尝试以下方法。在喂食时要遵循"定时喂食，定时收走"的原则。每天以固定时间、固定次数喂食，例如每天喂食2次，早晚各喂食1次，早上将食物放在食盆中，过一段时间后便将未吃完的食物收走；直到晚上，再将新鲜食物放在食盆中，到时间再次收走。在此期间除保证狗的饮水足量外，不给其他食物，以便训练狗好好吃饭。

还可采取饥饿疗法，即让狗充分饥饿，不给其他食物，狗狗没有办法，只好慢慢适应提供的狗粮，不挑食了。

5. 从微表情、动作看狗狗

揭秘狗狗身体语言，做狗狗的心理学家。

识别狗狗微表情

虽然狗不会说话，但其每个表情都有要表达的意思。

（1）皱鼻子　狗皱起鼻子、露出牙齿是表达愤怒的意思，这时候的狗是具有攻击性的。

（2）打哈欠　狗感到焦虑或者不安时会打哈欠，通常在受到外界压力时才这么做，比如在陌生的环境中。

（3）吐舌头　狗吐舌头最常见的原因就是感到热，狗天生没有汗腺，只能通过吐舌头来散热。狗感到口渴时，也会把舌头吐出来；在撒娇卖萌的时候，亦会向主人吐舌头。

（4）舔鼻子　狗看到食物或吃东西后，通常会舔舔鼻子来清理嘴唇。当它们感到不安或不自在时也会这样做，比如在被骂、被怒视、被猛扯牵引绳或被紧紧拥抱时。

（5）嘴唇紧闭　如果原来微张的嘴巴突然紧闭了起来，可能代表狗突然注意到什么，或者可能发生了让它们不开心的事情。

（6）眼神逃避　一般是狗感到不舒服的表现，可能是它犯错了，所以不敢直视主人的眼睛，害怕被骂。

（7）瞳孔放大　可能是受到惊吓、感到害怕或情绪激动。

（8）眯眯眼或眨眼　代表它对主人的行为

感到十分不舒服，眨眼看起来像是卖萌，希望主人放过它。

识别狗狗身体语言

狗有自己独特的身体语言，常见有以下情况。

（1）蹭屁股　频繁地蹭屁股，可能提示体内有寄生虫、肛门腺堵塞或发炎。

（2）露肚子　狗常会向主人或熟悉的人露出肚子以表示对面前人绝对的信任，也表示喜欢、撒娇、放松、玩耍的意愿。

（3）固定方向转圈　狗有强迫症时，会固定按某一个方向转圈，主要由于长期缺乏陪伴、受到虐待、紧张情绪或限制运动等造成狗心理因素的改变。

（4）精神不振、沉郁　可能是狗生病了，也可能是心情不好，比如和主人长时间的分离、玩伴的离开，以及和幼犬的分离等。

（5）吠叫　可能是狗讨厌周围人，害怕周围人，也可能是狗需要人类的帮助。

（6）频繁舔咬　主要是舔咬身体、尾巴和抓耳朵。可能提示狗得了皮肤病，也可能是跳蚤、虱子寄生引起的皮肤瘙痒。

6. 遛狗也是锻炼

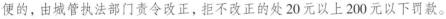
每天的运动量全靠遛狗。

2021 年 5 月 1 日，新修订的《中华人民共和国动物防疫法》正式施行，其中规定，携带犬只出户，应当按照规定为犬只佩戴犬牌并采取系犬绳等措施，防止犬只伤人、传播疫病。也就是说，市民带犬只出门，不为犬只佩戴犬牌、不系犬绳，不是违规行为，而是违法行为。

《上海市养犬管理条例》也规定，养犬人携带犬只外出，应当为犬只束牵引带，牵引带长度不得超过两米，在拥挤场合自觉收紧牵引带。主人在遛狗时务必牵绳，这不仅是对他人的尊重，也是为狗狗的安全着想。

此外，外出遛狗时，主人应当即时清除犬只排泄的粪便，可以使用拾便袋处理粪便。《上海市养犬管理条例》规定，养犬人不及时清除犬只排泄粪便的，由城管执法部门责令改正，拒不改正的处 20 元以上 200 元以下罚款。

狗狗坐电梯规范

《上海市养犬管理条例》规定，携带狗乘坐电梯或者上下楼梯的，应当避开高峰时间并主动避让他人。

狗狗主人可以视情况，主动向他人提出不乘坐同一趟电梯的建议，比如带狗先上电梯时，建议后来的人等待下一趟电梯，尤其是碰到带孩子的家属；带狗后到电梯时，提出自己等待下一趟，让电梯先行。如果小区内有狗专用电梯或者货梯，主人应该带着狗狗主动乘坐。

带狗乘坐电梯要做好安全防范措施，防止狗伤人。乘坐电梯时，主人最好将狗抱在怀中，如果是大型犬，一定要给它牵绳、戴嘴罩。

进入电梯后，主人要控制好手中牵引绳的长度，以便不让狗自由活动。另外，只要狗不是被主人抱住的，一进电梯，主人就要让狗狗面对墙壁坐立，而主人站在狗外面，这样可以防止狗突然蹿出伤害到他人。

带狗乘坐电梯要注意保持电梯内的环境卫生。如果狗在电梯内排泄，主人应当依照法律规定，即时清除犬只排泄的粪便。

狗狗不适合走楼梯

狗狗不适合经常性上下楼梯，因为狗的身体结构决定它们不能像人一样直立行走，只能四脚着地走路。在上下楼梯的时候，狗四只脚处于不同的楼梯层面，需扭曲身体才能保持身体平衡，长期如此会对狗的腰椎及四肢关节造成极大的伤害。

其中一些小短腿、身体过于肥胖，或者关节受损和老化的狗更不适合走楼梯，会使它们本就受损的腿部关节和腰椎雪上加霜。

当遇到必须要走楼梯的情况时，如果是小型犬，可以由主人抱着上下楼；大型犬上下楼时，主人要控制好节奏，不能让狗随意在楼梯上跳跃，可以让狗在楼层中间稍作调整。

7. 解锁正确抱狗姿势

爱我，你就抱抱我。

正确抱狗狗的姿势分 2 种。

抱小型犬时，一手托住它的屁股，一手插入前肢腋下，轻轻地支撑它，让狗的侧面靠近我们；

抱大型犬时，一般建议采取水平抱法，一只手穿过前肢中间抱着胸口，另一只手则抱住它的屁股，并贴紧我们的身体。

避免用以下错误的抱狗方式。

拎狗后颈，这样的抓法只适合极短时间里让狗不能反抗，长时间容易引起狗狗呕吐和窒息；

抓拽狗的尾巴、耳朵，甚至背部皮肤，这些部位都是狗敏感的地方，会让狗很不舒服；

抱狗时，让狗肚皮朝上，会使它没有安全感；

抱狗腋下，让狗四肢悬空，或直接抓着狗的前肢把它拎起来，都可能会导致狗骨折、脱臼、关节损伤，严重时会导致狗瘫痪。

8. 狗狗天生就是游泳健将吗

你家狗狗会游泳吗？

一些品种的狗天生会游泳，比如金毛犬、拉布拉多犬、贵宾犬、纽芬兰犬、英国雪达犬等，它们是天生的水猎犬，最早开始帮助渔民捕获水上的猎物。它们四肢发达，善于游泳，对水没有恐惧，是自然筛选培育下来的"游泳健将"。

除了这些水猎犬是天生的"游泳健将"，大部分的狗都是通过后天训练学会游泳的。狗能否训练成功，能不能爱上游泳，取决于主人的引导和教育。

训练狗狗游泳

狗狗学游泳前需要适应和学习。主人在训练狗学游泳的时候，首先要消除狗怕水的心理，不要直接将狗丢入水中，否则会让狗对水产生深深的恐惧感。

在狗学习过程中，可以多多鼓励，帮助它建立自信。训练讲究循序渐进，经过耐心教导，狗狗很快就可以掌握游泳的技巧。

有些狗是不适合游泳的，像巴哥犬、北京犬等鼻腔短的狗，容易呛水，因散热慢、体力比较差，容易发生中暑等意外，不适合游泳。腊肠、西高地白梗等头大、腿短的犬种，因为腿短在水中很难保持浮力，所以不容易学会游泳。吉娃娃、马尔济斯犬、约克夏犬等体形较小的犬种不耐寒，容易受到惊吓，容易疲累，也不建议学习游泳。

狗狗游泳注意事项

狗狗游泳前要做好充足准备。

准备一些强力吸水毛巾，抗过敏、抗寄生虫的药品，适量的狗粮和饮用水。带狗游泳，一定要选择干净的、有安全保障的地方，如专业游泳池。如果狗生病，不要带去游泳，有耳螨、皮肤病及近期注射过疫苗的狗不能下水。游泳前要提前带狗上厕所排便，以及做好运动热身，如散步、小跑等。

游泳前1小时不可进食，避免运动时胃扭转。一般狗狗游泳时间不宜太长，以半小时为宜。由于游泳消耗体力较多，要时刻留意狗狗是否有低血糖或者状态不佳的情况。

游泳后要给狗洗澡，把沐浴露冲洗干净，再用吸水毛巾擦拭。洗澡后一定要用吹风机吹干狗狗毛发，否则狗狗由于身体潮湿，易患湿疹和真菌性皮肤病。

9. 摸哪呢！正确摸狗姿势

有些地方不能摸哦！

通过抚摸狗的下列部位，可以增进主人和狗的情感交流。

（1）肚子　肚子是狗很脆弱的部位，一般不会轻易暴露。当狗狗很信任主人时，才会露出肚皮，这时可以轻轻地抚摸，狗狗会非常开心。

（2）耳朵　耳朵是狗神经最密集、最敏感的部位之一。轻轻地抚摸狗耳朵，会让它很享受。在摸狗的耳朵时，可以同时检查耳朵内部有无异常，定期帮狗清理耳道。

（3）面部　如果是狗狗不熟悉的陌生人，最好不要摸狗面部任何地方。狗一般只让主人抚摸面部，会觉得很舒服。

（4）下巴　只有和狗很熟悉了，摸它下巴时，才会让它觉得很有安全感。

（5）背部　背部是狗最喜欢被主人抚摸的部位，尤其是背中间。一般抚摸狗背部时，狗会表现出满足感和安全感。

抚摸陌生狗的头有一定的危险性，不能轻易去做。因为狗狗看不到抚摸的手，会感到害怕、紧张。当我们伸出手准备去抚摸狗狗的头时，狗狗会后退躲避，如果这时再进一步去摸，狗很可能会为了保护自己，发出叫声警告，甚至咬人，所以绝对不能轻易去摸。

正确抚摸狗狗的方法是先把手伸到狗面前，让它充分闻我们的气味，初步熟悉我们，然后抚摸狗的下巴、耳根和前胸，这些地方对狗来说是最

安全和抚摸起来最舒服的地方。

狗可以看到抚摸的手，就不会害怕，不会后退，会有友好的感受。当与狗之间建立良好的交流方式后，才可以进一步慢慢尝试抚摸狗的头。

10. 一人一狗的旅行

你是风儿，我是沙，缠缠绵绵走天涯。

带狗狗旅行做好准备

（1）出行前准备相关证件　一定提前去接种相关疫苗，比如狂犬病疫苗，如果没有接种疫苗，带狗出去旅行容易感染各类传染病。同时预先带狗狗做身体检查，如果狗狗最近表现出身体不适或患病，建议暂停带狗出去旅游。

（2）做好驱虫工作，防止在野外感染　野外各类寄生虫较多，预先给狗使用抗寄生虫药，可有效预防感染。

（3）观察狗是否适应陌生环境　观察狗到了不熟悉的地方，是否会出现应激反应。如果容易产生应激反应，需要提早预防。

（4）准备常用物品　如便携式水壶和食盆等，狗狗活动量比较大，玩累了要给它提供充足的水分和食物。

（5）准备食物　由于狗的肠胃比较脆弱，出去旅游最好还是让狗吃原先的食物，可以避免食物变化引起的腹泻、便秘、呕吐等问题。同时要防止保存不当，引起食物变质。

（6）准备零食和玩具　狗狗到了新环境，难免心情变差，可以带一些它喜欢的零食和玩具，让旅途更愉快。

（7）准备牵引绳　要遵守法律，带狗出门牵绳，让它远离一些危险。

（8）准备尿垫、宠物湿巾等　准备尿垫，如果狗在酒店意外尿尿，及时用尿垫吸干，或者提前把尿垫铺在地上。准备宠物湿巾，狗出去玩后，脚上、身上必然会沾上很多脏东西，可以先用宠物湿巾清理干净。

（9）准备常用的药品　如碘伏、眼药水、消炎药物等。

自驾游注意事项

带狗自驾游，要注意安全驾驶，保障人和狗的安全。

狗尽量放在航空箱里，避免淘气的狗阻碍驾驶。

因为狗是比较容易晕车的，所以要备好晕车药和止吐药，防止晕车。

注意行车过程中不能将狗放在封闭的汽车后备箱中，以免影响狗透气。

停车后不能将狗单独锁在车里，由于车内温度高，可能导致狗中暑。

到达目的地旅游时，即使当地的美食非常诱人，也要注意不可让狗随意食用，因为人吃的食物使用太多调料；同时地上也会有被丢弃的食物，一定要看好狗狗，不要让它捡食，防止发生意外。

11. 能和狗狗一起睡吗

暖乎乎的大狗狗，适合抱着睡吗？

从科学养宠和保障健康两方面来看，不提倡狗和人同吃同睡。

如果狗一定要和主人同吃同睡，需注意如下事项。

第一，需要保证狗的个体卫生，如果打算和狗共寝，需要每周给它洗澡、剪指甲、清理耳朵，定期清理肛门腺。每天散步后给它清理身上的落叶、擦拭毛发、擦拭脚趾，并且吹干。让狗养成刷牙的习惯，定期使用漱口水，改善口气。

第二，需要定期给狗注射狂犬病疫苗等，并进行体内外驱虫。狗可能会感染体内寄生虫，如蛔虫、钩虫、绦虫等；体外寄生虫如跳蚤、虱子、蜱虫等。这些寄生虫会在亲密接触间影响主人的健康。因此，定期给狗狗体检，保证狗的健康，才能保障主人的健康。

12. 人用沐浴露能给狗狗用不

狗狗专用香波，适合洗香香。

狗洗澡不能使用人用沐浴露，原因是人用沐浴露通常是弱酸性的，而狗的皮肤为弱碱性。如果经常使用人用沐浴露，会破坏狗狗皮肤的酸碱平衡，降低其皮肤的抵抗力，造成皮肤干燥、瘙痒、皮屑增多和掉毛，还可能导致细菌继发感染和体外寄生虫感染。

人用沐浴露的主要功效是清洁汗液和堵塞的毛孔，而狗没有汗腺，它表面的油脂是皮肤的保护屏障，使用人用沐浴露时会将这层油脂洗掉，对狗的皮肤健康不利。人用沐浴露中通常会有香味添加剂和泡沫剂，长期使用，可能会导致狗过敏，所以不建议用。

给狗洗澡，要使用犬专用香波。犬专用香波不仅

适合狗皮肤表面的酸碱性，不会破坏油脂和伤害皮肤，还具有较好的杀菌、消毒作用。一些特殊的犬药用香波，还可以用来给狗进行药浴，辅助治疗狗皮肤疾病和驱除毛发中的寄生虫。

13. 狗狗穿衣、穿鞋

狗狗穿衣，多是主人的需要。

狗通常不需要穿衣服，因为狗的各类衣服大多数仅起到装饰作用，而且狗体表有浓密的毛发，一般情况下足够抵御寒冷，狗也有很强的适应自然环境的能力。另外，大多数狗都不喜欢穿衣服，穿衣服会使它们感觉不舒适，造成行动不便，还会影响狗的奔跑，影响其攀爬和跳跃活动。

但在实际生活中，一部分狗需要穿衣服，主要针对无毛狗和体形小的吉娃娃、中国冠毛犬等，这些品种的狗在寒冷环境中需要适当增添衣物保暖，否则它们会有患病的危险。还有些狗在小时候抵抗力比较差，需要穿衣物帮助其度过寒冬。幼犬刚出生后的几个月是最容易患病的，这个时候给它们穿上衣物可以提高抵抗力。年老、体弱多病的狗，它们的身体已经无法抵御冬天的寒冷，穿上衣服后可以帮助其度过寒冬。

狗饲养在室内，或者到室外短时间活动，一般不需要穿鞋。但是对于到野外活动的狗、容易发生关节疾病的老年狗、处于极热或极寒天气下的狗，还是应该穿鞋。穿鞋时要注意选择尺寸和材质适合的狗鞋子，并且要循序渐进地训练狗适应穿鞋。主人一定要注意，给狗穿衣服和穿鞋时一定要保障狗安全，不能太紧，以免发生意外。

14. 夏季狗狗避暑方法

在炎热的夏季，给狗剃毛能让它们更凉快吗？答案是不能。狗狗剃毛会使其丧失保持体温的功能，并且增加被阳光晒伤的风险，更有可能导致体温过度上升，效果适得其反。狗狗的毛发具有保持体温恒定、防止紫外线晒伤、预防皮肤干燥、避免皮肤损伤等作用，夏季不能随意给狗剃毛。

狗狗避暑方法

如果天气实在太热，狗狗该如何避暑呢？如果在室内，可以让狗待在阴凉的地方趴着散热。可以在家里多放一些凉水，甚至可以在水盆里放一些冰块来帮助狗狗降温。

天热时，一定要把狗放在通风较好的室内，也可以多梳梳毛，有助于毛发和皮肤间的空气流通，可以让狗感到更凉快。如果在室外，狗一般会自己找一个阴凉的地方趴着，但如果天气实在太热，还是应该把狗接到室内来。

如果狗狗出现大口喘气、流口水、心跳加速等异常现象，有可能是身体过热，出现中暑，需要立即带它前往宠物医院就诊。

狗狗可以吹空调吗

狗不怕冷，但怕热，因为狗狗全身披着毛发，且皮肤缺乏汗腺散热，所以在夏季很容易中暑。天气十分炎热的时候，吹空调还是很有必要的，但是注意不要将空调温度调得太低。狗不能睡在空调风口正下方。狗睡觉的地方一定要有垫子，以免受凉。注意不要长时间吹空调，空调会让环境变得干燥，要为狗狗多准备一些饮用水。

为了狗狗的健康，使用空调前要进行清洁。空调过滤网非常容易藏污纳垢，滋生有害细菌、病毒。如果没有及时清理就打开空调，很可能会导致狗狗过敏，出现咳嗽、流鼻涕、呼吸不畅等症状。

另外，在空调房内饲养狗时，最好不要笼养，给狗一定的活动空间。如果担心温度过低，可以让狗待在离空调风口远一点的地方。

15. 狗狗能用蚊香吗

狗狗和蚊香气质不搭。

夏季到来，蚊子开始变多，尤其是带狗外出时，很容易被蚊子咬出一个又一个包，又痒又痛。市面上的驱蚊产品很多，哪些是对狗和主人都无害的呢？

一般家庭最常用的驱蚊产品是普通蚊香和电蚊香，两者的有效成分都是拟除虫菊酯类化合物。拟除虫菊酯对人的毒性较低，难以被人体皮肤吸收，即使进入人体，也很容易被肝脏代谢掉，对狗的毒性也较低。虽然蚊香毒性很低，但是狗天性活泼好动，保险起见，建议狗远离点燃的蚊香，可将它们置于两个不同的房间，避免狗误食或被蚊香烫到。

市面上有很多种驱蚊液产品，大多数含有避蚊胺，较高浓度的避蚊胺驱蚊液容易引起狗中毒。因为狗喜欢舔咬，容易误服此类产品。

最传统的蚊帐以及现在常用的电蚊拍，对主人和狗是安全可靠的。

因此，对于有狗的家庭，在使用驱蚊产品的时候要注意，不仅要保证主人的健康，也要关注狗狗的健康。

汪星人的健康生活

1. 拿走这些植物，狗狗要中毒了

有毒的从来不是带刺的。

以下一些植物，如误食，可能会使狗产生中毒情况，甚至有致命危害。

（1）英国紫杉、日本紫杉等　含有紫杉碱，狗误食会造成心脏停搏，导致死亡。

（2）夹竹桃、铃兰等　含有强心甙，狗误食会造成昏厥，甚至呼吸停止。

（3）杜鹃花　含梫木毒素，狗误食会造成低血压，甚至昏迷。

（4）绿珊瑚（多肉植物）、龙骨、彩云阁等　含氢氰酸，狗误食会

造成组织器官受损，呼吸中枢受到伤害。

（5）圣诞红、槲寄生、冬青、芦荟、仙客来、菊花、麒麟花、发财树等　对狗肠胃有刺激，如狗误食会出现腹泻症状。

（6）黄金葛、万年青、金钱树、蔓绿绒、黛粉叶、菖蒲、彩叶芋等　汁液有毒，狗误食后，容易损伤口腔与消化道。

2 说一说不能吃的食物

不能吃的食物，犹如潘多拉盒子，诱惑又危险。

这些食物狗狗不能吃

（1）巧克力、咖啡　其中的可可碱及咖啡因对狗的心脏及中枢神经系统有严重影响，狗食用后轻则腹泻，重则呕吐、躁动、心悸、抽搐，甚至可能致死。

（2）大蒜、洋葱　如误食，会破坏狗体内的红细胞，引发溶血性贫血，甚至会危及性命。

（3）葡萄及葡萄干　狗吃后轻则呕吐、下痢、精神沉郁、食欲不振、

腹痛，重则出现少尿、无尿等肾衰竭症状。

（4）牛油果　牛油果的叶子、果肉、种子、树皮都带有一种对狗健康不利的毒素，如果狗误食，会引起呕吐、腹泻等症状。

（5）高糖、高脂肪、高盐类食物　这类食物易使狗发胖而诱发心脏病、脂肪肝等一系列疾病；过量的盐分摄入，会加重狗肾脏排泄负担，破坏体液平衡，导致各种疾病。

（6）生肉及未熟透的肉　可能含有寄生虫和细菌，如误食，会引起狗胃肠疾病，甚至破坏免疫系统。

（7）生鸡蛋　生鸡蛋中的蛋白质会消耗狗体内的生物素，而生物素是狗生长发育及毛皮健康不可或缺的营养；同时生鸡蛋里可能含有多种细菌，狗误食后会导致腹泻。

（8）尖锐的骨头　可能会损伤狗胃肠，导致呕血、便血和肠道梗阻的发生。

（9）海鲜类食品　虾、蟹、墨鱼、章鱼、海蜇等会导致狗消化不良、腹泻，还有过敏风险，特别容易引起各类皮肤病。

训练狗狗不乱吃东西

发现狗狗在外随便吃东西，需要及时制止。训练时准备一条合适的牵引绳，材质牢固，接头紧密，在高强度拉力下不易断裂，也可以选择压力分散的双层胸背带，减少普通项圈勒压时的不适感。

在制止狗时，要注意控制力度，避免伤到狗。注意训练采用的方式，可以把一些狗喜欢吃的食物放在地面明显位置，然后牵着狗来到附近，并慢慢靠近。当狗表现出想吃时，立马严厉发出"不可以"的口令，并猛拉牵引绳制止。当狗停止捡食后，要给予抚摸以示鼓励，继续带狗去另一个放吃的地方，采取同样方法训练。如此反复训练，让狗养成在外不会随意

吃东西的习惯。

如果要训练狗在公共场合不吃陌生人给的食物，可以委托一位狗狗不太熟悉的朋友，手持食物自然接近，而朋友手中的食物要涂上辣椒或是其他刺激狗食欲的香料。当狗表现想吃时，主人就轻打狗嘴，或打掉朋友手中食物，并做出驱赶的动作，让狗知道别人给的东西是不能吃的。

如此反复训练，让狗养成不吃陌生人东西的习惯。当狗学会拒绝别人的食物时，主人可以给它奖励，如身体抚摸、拥抱，语言夸奖或是投喂准备好的零食。

3. 丝滑的毛发值得拥有

狗狗也能有如绸缎般丝滑的毛发。

保持狗毛发的健康，主要采取以下措施。

（1）洗澡的频次要适度　过度频繁地洗澡，会破坏狗的皮肤保护屏障，使它容易感染致病菌，引发皮肤病。过度洗澡还会使狗狗毛发变得暗淡无光、枯燥、干涩。一般根据狗的实际情况，建议夏季每 2 周洗澡 1 次，冬季每个月洗澡 1 次。

（2）保持健康的身体　健康的身体是健康毛发的前提条件。晒太阳

可以让狗毛发更有光泽，还可以给毛发杀菌。户外运动能让狗得到运动锻炼，有助于提高狗的身体素质，促进皮肤血液循环，有利于毛发的健康。

（3）做好体内外驱虫　狗很容易感染体内外寄生虫，表现为消瘦，腹泻，被毛粗糙、无光泽，毛发易断。体外寄生虫如跳蚤、虱子、螨虫、蜱虫等，能够引起狗狗皮肤炎症或过敏，导致毛发稀疏、断裂、无光泽、斑秃等。

（4）日常勤于梳毛　狗几乎每天都会掉毛，尤其是春、秋季节。要想毛发长得好，勤梳毛是其中重要的一步，可以用宠物专用梳子，早晚给狗各梳1次，每次至少5分钟。梳毛时可以按摩毛囊，以促进毛发生长。

4. 美丽，从脚部趾甲开始

拥有完美的趾甲也是一种修养。

狗趾甲太长了，容易破坏家里的沙发、地毯和家具。同时趾甲不断生长，会自然弯曲，导致狗脚部着地不方便，走路打滑，甚至影响正常行走。

狗趾甲长了，也容易抓伤人，所以一定要定期给狗修剪趾甲。

（1）准备专用修剪用具　用狗专用指甲钳，能够安全、方便地剪除狗趾甲。给狗剪完趾甲，用指甲锉锉平粗糙的边缘。最后用趾甲清洁棉球、纱布，帮狗清洁干净修剪后的趾甲。提前准备止血粉，如果不小心剪到狗的血管，能够及时快速地进行止血。

（2）修剪适中　给狗剪趾甲的时候，不能剪除过多；如果不小心剪到狗的血管部位，它会感到疼痛。

（3）操作时注意安抚　要在狗情绪平稳的时候修剪趾甲，每次修剪完成即给予食物奖励和精神表扬，让狗形成良好的条件反射。

5. 臭狗狗也要洗香香

洗完澡的小香狗最适合摸摸了。

原则上，不要选择天气不好的时候给狗洗澡，避免狗着凉感冒。建议选择在天气较暖和、气温较高的中午给狗洗澡。

给狗洗澡的一般操作步骤。

（1）准备工作　给狗戴上项圈，准备好洗澡工具（如浴盆、宠物专用香波、吹风机、毛巾、梳子等）。另外，最好用棉花塞住狗的耳道，防止洗澡的时候有水进入耳道内。戴好手套，找到狗狗肛门上4点和8点的位置，由轻到重地挤压肛门腺，直到肛门腺挤空为止。

（2）开始洗澡　因为狗对莲蓬头喷出的水可能比较抗拒，所以开始不要直接淋到狗的头部，喷头的水压也要适中，不能太大，防止狗受到惊吓。水温最好全程控制在38~40℃。可以先从爪子开始冲洗，然后到后背，最后洗头。洗头时，可以用手遮住狗的眼睛，或者用水杯舀水冲洗，避免眼睛进水。全身都要揉搓出泡沫，揉搓完再次用水冲洗干净。

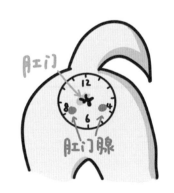

（3）吹干毛发　先用专用吸水毛巾把

狗身上的水分吸干，然后用吹风机彻底吹干毛发，最后梳理毛发，直至毛发梳顺为止。

6. 耳道护理，不容小觑

小耳朵，也会有大问题。

狗狗耳道是 L 形结构，比较特殊，容易导致耳道积聚油脂、灰尘，同时容易导致异物掉入耳内和耳道积水。

一般在洗澡、淋雨、玩水、宠物互舔耳道等时，容易造成耳道积水，同时狗狗相互接触也容易传染耳螨。

狗耳道疾病主要表现为挠耳朵，甩头、甩耳，耳郭、耳道发红，耳内充满异味，耳道流水、流脓，耳道增生堵塞。

进行耳道护理时，建议用专业的洁耳油清理狗的耳道。先固定狗的头部，再将耳郭外拉，轻轻将耳油滴入耳道，然后按摩耳根部，要求听到耳道内有耳油液体摩擦的声音，听不到就说明耳油的倒入量不够。

按摩 2 分钟后松开手，狗会摇摆头部，用力甩耳，这样会将其耳道深部溶解的耳垢一并甩出来，从而达到清洁耳道的效果。最后擦干并消毒耳郭。

如果日常发现狗耳周的毛发潮湿，可以用吹风机将其吹干，预防皮肤病。清洁护理耳道时，要根据情况定期修剪狗狗耳郭附近的毛发。

7. 口腔护理好，吃嘛嘛香

养狗提示，狗狗口气清新很重要。

如何保持狗狗口腔健康？

（1）训练狗刷牙　一般狗狗 6 月龄后，建议每周刷牙 2~3 次。训练方法，首先，使狗狗适应，取纱布条蘸少许生理盐水缠绕在示指上，顺次擦拭狗的牙龈、牙缝，注意动作要轻，以免损伤牙龈；其次，待狗适应后，可以用宠物专用牙膏、商品化的犬专用刷牙按摩头和牙刷；最后，长期坚持使用，能得到理想的口腔护理效果。狗狗专用牙膏一般无需漱口，可让其自行咽下。

（2）注意饮食习惯　不给狗吃甜食和冰的食物或饮料，如巧克力、糖果、冰淇淋，防止发生龋病。为了狗狗牙齿的健康，尽量选择干狗粮饲喂。因为干狗粮比较硬脆，狗在啃咬干粮时，可顺便将牙齿表面刮干净。

（3）用洁牙辅助产品　日常选用专门为狗设计的咀嚼洁牙用品，比如狗啃胶、洁牙棒等。让狗在玩耍的过程中清洁牙齿，减少牙菌斑和牙结石

的形成，达到口腔护理的效果。

（4）及时治疗口腔疾病　如果狗发生口腔溃疡、牙龈红肿等现象，可用温生理盐水给它清洗并涂擦碘甘油或抗生素，补充一些 B 族维生素。严重时，及时带它去宠物医院诊治。

8. 又不是壁虎，为啥要断尾

断尾争议逐渐显现，你认为要断尾吗？

对于有些品种的狗是否要断尾，不同人有不同看法，一般认为不必断尾。因为断尾对狗是有伤害的。狗尾巴是在自然环境中长期进化而来的，有特定的功能。欧洲大多数国家除了兽医认为有必要进行断尾的个体之外，已立法禁止对宠物实施断尾手术。

狗尾巴具有平衡运动的作用，在快速运动、跳跃、转弯、急停时都需要尾巴的辅助来平衡整个身体。如果给狗断尾，会给狗的运动带来负面影响。

狗智商较高且情绪较为丰富，通过尾巴，能表达很多丰富的信息。尾巴翘起来，表示骄傲、高兴；尾巴左右摇摆，表示开心、放松；尾巴夹在两腿中间，表示害怕、恐惧、准备逃跑；尾巴与身体平直，表示愤怒、准

备攻击。断了尾的狗很难向外界传递准确、丰富的信息。

同时，狗是一种社交性动物，自然界中的狗通常群居，而断了尾的狗在群体中会感觉自卑、无助，也会被其他狗欺负和孤立。如果确实为了特殊需要给狗断尾，最好在狗狗刚出生的1周内实施。年龄较大的狗，实施断尾手术的应激反应较大，不利于狗的健康和恢复。

9. 立耳，大可不必

立耳能让我更清楚地听到你的爱吗？

立耳手术是一个非常有争议的做法。有人认为它没有必要，并且很残忍；也有人认为它是常规手术，对狗没有多大伤害。

人类最初给狗实行立耳手术，是从实际用途出发的，目的是使一些工作犬更加符合工作形象和要求，以及在一些耳道结构复杂的犬手术后，可以起预防耳部疾病的作用。

现在，大多数的立耳手术往往是为了让狗变得更加威风或漂亮。在犬展中，只要是品种评定标准规定必须做立耳手术的狗，一律要实施手术后，才能参加比赛，以此来展现这一犬种的独特魅力。

然而，对于大多数家庭来说，一只作为伴侣犬的宠物狗，实施立耳手术的必要性并不大。另外，立耳手术对狗也是有伤害的，除了可能造成耳部感染，还可能引起狗的应激反应，严重时甚至会造成

狗的心理疾病。

如果确实要给狗做立耳手术，需要注意，立耳手术在狗3月龄左右进行，效果较好。

不是所有的狗都适合做立耳手术，适合做立耳手术的犬品种主要有拳狮犬、大丹犬、杜宾犬、柯基犬、雪纳瑞犬等。

10. 疫苗注射是必需的

打针，是人狗两界同样的童年噩梦。

狗狗疫苗种类

目前，狗狗注射疫苗以进口疫苗为主，主要有犬猫狂犬病疫苗、犬二联疫苗、犬四联疫苗、犬五联疫苗、犬六联疫苗、犬八联疫苗。国产疫苗要有农业农村部兽药批准文号。进口疫苗要有进口兽药注册证书号。

犬猫狂犬病疫苗用于预防犬猫狂犬病，超过3月龄以上的犬猫需要接种。犬的狂犬病疫苗属于强制免疫。

犬二联疫苗用于预防犬瘟热和犬细小病毒2种最常见的病毒性传染病，用于幼犬初免。

犬四联疫苗用于预防犬瘟热、犬细小病毒、犬副流感和犬腺病毒Ⅰ型4种病毒性传染病。

犬五联疫苗用于预防犬瘟热、犬细小病毒、犬副流感、犬腺病毒Ⅰ型和犬腺病毒Ⅱ型5种病毒性传染病。

犬六联疫苗用于预防犬瘟热、犬细小病毒、犬副流感、犬钩端螺旋体、犬腺病毒Ⅰ型和犬腺病毒Ⅱ型6种病毒性传染病。

犬八联疫苗用于预防犬瘟热、犬细小病毒、犬副流感、犬冠状病毒、犬钩端螺旋体、黄疸出血型钩端螺旋体、犬腺病毒Ⅰ型和犬腺病毒Ⅱ型8种病毒性传染病。

饲养狗时，根据不同的预防传染病需要，在执业兽医的指导下，选择使用不同种类的疫苗。

狗狗疫苗接种注意事项

疫苗只能用于健康犬的预防接种。年老体弱、极度消瘦、严重患病的狗，不建议接种疫苗。

刚接到家的幼犬，由于环境和饮食等变化，抵抗力暂时会下降，需要加强护理照料，一般适应1周，待狗狗无异常后再接种疫苗。

发情、怀孕、老龄的狗接种疫苗时应慎重考虑。

接种疫苗后要求在免疫点观察30分钟，无异常后方可离开，如果出现疫苗接种不良反应时应及时处理。极少数的狗注射疫苗后会发生过敏现象，如眼部肿胀、皮肤丘疹、呼吸急促等情况，一旦出现需及时联系执业兽医。

如果狗接种疫苗后出现短暂性精神不佳、食欲稍下降等情况，一般会慢慢恢复，不必过度担忧。

狗狗疫苗接种1周以上才能产生抵抗力，在这段时间内，不要给它洗澡，避免受风寒和剧烈运动，以防感冒生病等影响免疫效果。

11. 过度肥胖一点儿也不可爱

减肥，是困扰人狗两界同样重大的问题。

"管住嘴、迈开腿"的减肥方法，不仅适用于我们人类，同样适用于狗。现实生活中，如果发现许多狗存在超重和肥胖的问题，严重威胁狗的健康，要及时采取以下减肥措施。

（1）改变喂食方式　狗狗肥胖最主要的原因就是热量摄入过高，多数是吃得太多、吃得太好引起的。所以每天要固定喂食次数和喂食量，避免过度投喂，特别是老年狗，由于它们活动量减少了，应减少喂食次数和喂食量；限制喂食零食和肉类食物；不喂食人的食物，不喂食高脂肪、高盐和高糖的食物。

（2）增加运动量　管住嘴的同时，迈开腿能更有效地帮助狗减肥，大多数狗每天需要30~60分钟的运动时间。

（3）给狗定期称量体重　以周或月为单位，记录跟踪减肥进展，保持狗的合理体重，避免过度肥胖带来的健康风险。

（4）药物减肥　目前市面上有各种狗狗减肥处方食物，其中狗狗绝育后防止肥胖的减肥处方粮可以采用。如果肥胖严重影响狗的健康和生活，可以在执业兽医的指导下，用药治疗。

狗狗肥胖危害

肥胖已经成为狗狗健康的一大杀手，会导致很多问题，更容易使其患上皮肤病；超重后，骨骼和关节易发生病变；容易引起内分泌紊乱性疾病；肥胖加重心肺负担，易使狗出现心脏病；易患代谢性疾病；增加手术的麻醉风险，导致免疫力下降，大大影响狗的寿命。

临床上判断狗是否明显肥胖，一般从侧面看，没有腹部凹陷，或用手触摸狗的肋骨，没有分明的层次感，甚至根本摸不到肋骨形态，就是肥胖了。

预防肥胖措施

定期健康检查，避免由甲状腺功能减退症、肾上腺皮质功能亢进症、糖尿病、胰腺炎等引起的肥胖。限制能量摄入，少食多餐、定时定量饲养。增加运动量，加强体重管理，控制可能导致肥胖的各种因素。

12. 狗狗发情怎么办

单身狗有主人一个就够了。

正常狗狗每年发情 2 次，母狗一般在春季 3~5 月和秋季 9~11 月各发情 1 次。

狗狗发情表现

（1）母狗发情的表现　母狗发情主要分为以下 4 个阶段。

发情前期。持续为 7~10 天，表现为阴道分泌物增多、混有血性黏液，外阴充血、肿胀、潮红和湿润。

发情期。持续 6~14 天，表现为外阴持续肿胀、变软，流出的黏液颜色变浅，阴道出血减少或停止。

发情后期。发情期后的 2~3 天，是母狗的排卵期，是交配怀孕的最佳时期。这时外阴肿胀开始消退，性情变得安静。

乏情期。生殖器官进入不活跃状态。

（2）公狗发情的表现　公狗发情无规则性，在母狗发情的繁殖季节，公狗表现活跃，会出现到处小便的情况，目的是吸引母狗。有的公狗发情期表现为性格野蛮霸道，具有打斗的倾向，接触时要格外小心，防止抓伤人。

狗狗发情期的注意事项

（1）安抚情绪　发情期的狗情绪比较躁动，容易自行外出交配，所以尽量少让狗出门，防止走丢。发情期，狗在食欲上可能会有所减弱，应该注意狗的饮食，选择营养充足，并且口感好的饲料，或补充适口性好的营养食物。

（2）防止打斗　公狗在闻到母狗发情气味时常常表现为坐立不安、情绪不稳定、大量喝水、到处小便，同时表现为易怒，容易与其他公狗打架。遛狗时，一定要牵绳，不能去人多的公共场所。母狗发情表现为情绪暴躁、食欲不振、饮水量增加，这时要加强护理。

（3）避免意外怀孕　母狗发情期外出接触公狗，容易怀孕，主人在遛狗时应注意牵绳，同时一定要看管好狗，防止走失。

（4）提倡绝育　绝育可以阻止发情，也可大大降低母狗乳腺肿瘤、公狗肛周肿瘤等疾病的发生。至于何时绝育合适，可以咨询执业兽医。

13. 狂飙，全靠好关节

夕阳下奔跑的狗狗，那是逝去的青春啊。

狗狗关节异常原因

（1）遗传因素　一些小型犬如腊肠、柯基、贵宾犬等很容易出现髌骨脱位、关节炎等关节病变。一些大中型犬有先天性髋关节发育不良，表现为跛行、后肢无力等症状。

（2）不良习惯　很多主人喜欢训练狗站立、直立行走，这些狗长期站立，很容易造成关节损伤。此外，狗长期生活在阴冷、潮湿的环境中，也容易导致风湿性关节炎。

（3）年龄增加　狗关节会随着年龄的增加而老化，研究表明，20%的中年犬和90%的老年犬至少有一个关节会出现骨关节炎。

（4）过度肥胖　狗超重、肥胖会增加四肢关节负重，长时间的负重会导致关节严重磨损、软骨组织受损，可能引起关节炎和其他临床症状。

（5）过度运动　狗长期过度运动会加速关节磨损，破坏软骨组织。

（6）营养因素　狗关节的维护和修复，主要靠葡萄糖胺和软骨素。

葡萄糖胺有以下作用：加速软骨细胞的再生与修复，是关节建造，修补软骨组织、肌腱、韧带的主要材料；可以减轻关节软骨、骨头和邻近结构的损害，帮助关节组织再造，以及软骨弹性组织的修复再造；预防软骨失去弹性，舒缓关节炎，控制滑膜分泌的平衡，防止关节病变；强健骨骼，促进生长发育。如果狗缺乏葡萄糖胺和软骨素，会引起关节相关问题。

狗狗关节保健小技巧

（1）减轻体重　肥胖会给关节造成额外的疼痛，通过适量运动（游泳、水疗、牵引运动）、调整饮食，能够让狗保持健康的体重，减轻身体对四肢关节的压力。

（2）减少爬楼梯　爬楼梯会对狗的腰椎和关节造成伤害，所以减少上下坡的行走，特别是避免让狗爬楼梯、大幅度跳跃，可以减少对狗关节的磨损。

（3）注意保暖　湿冷的环境对狗的关节不利。如果狗本身有关节问题，再受寒冷侵袭，会让疼痛进一步加剧，因此要做好必要的保暖措施。

（4）补充关节营养素　主要有葡萄糖胺、软骨素、二甲基砜、胶原蛋白等，可以帮助润滑关节，减轻关节摩擦，抑制关节炎症，缓解关节疼痛，修复关节软骨。这些关节营养素，可能在狗狗食物中不能有效提供，需要额外补充。

14.挤肛门腺，有味道但很重要

这个肛门腺今天是非挤不可了。

肛门腺是狗肛门两侧对称分布的梨形腺体，位置在狗的肛门两侧约4点钟及8点钟的位置，左右各1个且各有1个开口。排便时，肛门腺的开口随着肛门口打开，排出腺液以润滑肛门，使狗顺利排便。

通常肛门腺的分泌物会在排便过程中伴随粪便一起排出，但如果狗持续腹泻，长时间排软便，没有压力刺激肛门腺，腺液就会积压，导致狗肛门腺发炎，从而引起不适症状。

典型的肛门腺发炎症状有：狗坐在地上蹭屁股、舔咬肛门、蹲坐困难

或者摇头摆尾。通过检查发现肛门腺部位出现红肿，严重时会造成肛门腺局部疼痛、肿胀，有时甚至出现全身症状。

肛门腺分泌物在腺体中不能及时排出，积压时间长了，就要进行必要的清洁。清理肛门腺的方法是：将狗的尾巴提起，在两侧肛门腺的部位摸到比较肿胀的腺体；把卫生纸垫在手上，然后用拇指、示指分别按住狗肛门两侧的肿胀位置，两指向内用力，挤压肛门腺，接着就可以看到有分泌物流出，用卫生纸将分泌物擦拭干净。注意挤压的时候不要过度用力，以免对肛门腺造成损伤，引发炎症。肛门腺分泌物气味很重，挤压前可以佩戴口罩。

一般情况下，肛门腺分泌物是黄色或者棕黄色的液体。如果肛门腺不能及时排入肠道，会造成堵塞，腺体分泌物则有可能变成棕色或者黑色的膏状物，说明肛门腺已经感染发炎，建议带狗去宠物医院进行检查。肛门腺严重感染的情况下需要给狗用药，甚至可能需要通过手术来切除狗两侧的肛门腺。

另外，狗进行适当运动，保持合适体重，多吃粗纤维食物，例如红薯、香蕉、麦片等，可以帮助狗通便，排出肛门腺分泌物，也可有效预防肛门腺发炎。

15. 狗狗生产要注意

狗狗怀孕，主人要做很多事情。

狗狗在家生产注意事项

（1）注意狗狗产前卫生　帮狗剃毛，如果后肢有较长的毛，为了生产时方便，也可以剃短。在预计产前至少1周要给狗洗澡，冬季注意保暖，

防止洗澡引起感冒。

（2）注意环境及器具卫生　用温热的消毒水擦拭产房环境地面，清洗狗用的水盆、食盆和狗窝。

（3）准备助产工具　剪刀、消毒药水、消毒棉线、纱布、无菌手术手套、卫生纸、洗脸盆，干净毛巾数条。冬季最好要有保温保暖设备。准备好铺毛巾的小纸箱，暂时安放幼犬用。

（4）联系宠物医院　在狗狗产前、产后跟宠物医院保持联系，特别是24小时宠物医院。容易难产的品种狗，如斗牛犬、松狮犬，或体形较小的贵宾、吉娃娃、博美、约克夏等犬种，一般不建议在家中生产。

（5）为狗准备生产箱　产前2周左右，狗可能会在家中寻找可以安心生产的场地。这时可将事前准备好的生产箱放在狗喜爱的地点。

狗狗分娩前征兆

狗在配种受孕后58~64天就会生幼犬，有以下征兆说明快要分娩了。

（1）外观变化　分娩前狗外阴部肿大，乳房膨大红润，可挤出白色乳汁，阴道变软并逐步开张，有透明状黏液流出，可能混有少量血液。

（2）行动异常　在生产前2天左右，狗会有做窝的行为。突然变得好动，到处拖咬软物绕狗窝以筑窝，这时一定要注意，狗可能要生产了，要提前做好相关准备工作了。

（3）食欲不振　在生产前2~3天，狗的活动量会明显减少，大部分时间都是安静地躺着，这样可以缓解腹痛，为下一步生幼犬做准备。在生产前1天，狗饮食明显减少，主动开始排便。有时开始不吃食物，只喝水，饮水量增加，频繁小便，有些生产前会轻度呕吐。

（4）心神不定　狗狗产前可能频频回头，表现比较暴躁。生产前的几小时，开始表现为阵痛，呼吸加快、喘气，发出低沉的呻吟或尖叫，同时排尿次数增多。如果见到有黏液从阴道内流出，可能狗狗几小时内就要生产了。

（5）体温下降　狗生产前，体温会渐渐降低，在生产前1天，可能降低1~1.5 ℃。狗完成分娩一般需要几个小时。

16. 照顾怀孕狗狗

主人：年纪轻轻，就要当姥姥了。

照顾怀孕狗要注意以下6点。

（1）保证足够的营养需求　随着胎儿的生长发育，怀孕狗每天需要的营养物质会不断增加。每天的食物要营养全面充足、适口性好、易消化，可以供给优质狗粮和其他补充食物，增加喂食次数。如果有孕犬专用的狗粮，那是最好的选择。

怀孕45天后，有些怀孕狗由于胎儿的不断增大，每次进食量也有可能会减少，这时需要少量多餐地喂食，减少摄入大量食物而对子宫造成的压力。

（2）保持适量运动　怀孕狗每天要有一定时间的户外运动，户外运动可促进血液循环，增加食欲，利于胎儿生长发育。如果胎儿过大，狗又不愿适当运动，容易发生难产。

可以每天带狗出去散步2次，每次15~30分钟。以散放自由活动为主，而且最好是单独散放。

（3）多晒阳光　每天让狗适当地进行日光浴，以利于钙吸收，可促进胎儿骨骼的生长发育。但在高温、高湿季节，怀孕狗进行日光浴或户外运动时要注意防暑降温，以免中暑。

（4）做好孕期护理　经常给怀孕狗梳刷身体和毛发。在狗快生产的时候，最好不要给它洗澡，避免幼犬出生后找不到奶头喝奶。

照顾怀孕狗，一定要注意保暖，提前给狗准备一个舒适、安静的生产环境。

（5）防止流产与早产　为防止怀孕狗与其他狗相互咬架引发流产与早产，最好采用单独犬舍饲养，犬舍要宽敞、清洁、干燥，采光、通风要好，保持安静。狗怀孕30天后，不能进行剧烈运动或者跳跃障碍运动，更不能随意打怀孕狗，避免其受到不良刺激，出现惊恐和不安。

（6）做好产前准备　狗的平均怀孕周期是63天，通常可能会提前或推迟几天生产。在生产前3周左右准备好生产箱，这样狗才能有足够的时间逐渐熟悉和适应。

17. 哺乳期狗狗和幼犬

狗狗：是我的崽，也是你的崽。

哺乳期狗狗在情感上非常敏感，身体上也很脆弱，它要投入大量精力去照顾许多幼犬，需要主人照顾得更周到。

照顾哺乳期狗狗要注意

应定期用温水清洗狗的外阴、尾部和乳房，并保持干燥、清洁。给狗定期更换受污染的床垫，注意保温。狗分娩后会变得非常凶猛，因为要保护幼犬。

哺乳期狗狗需要充分休息，主人不要让陌生人随意接近，避免狗狗受刺激。

在分娩后的最初几天，狗食欲不佳，应喂营养丰富、易消化的食物，如牛奶、稀饭、肉汤等，且应少食多餐，几天后应逐渐增加喂食量。要经常检查狗泌乳的情况，对于泌乳不足的狗，应喂给红糖水、牛奶、鱼汤等，或将亚麻仁煮熟，同食物一起混喂，以增加乳汁分泌。

有些哺乳期狗狗母性差，不愿意照顾幼犬，可以对其加以训练，强迫其喂奶给幼犬，同时随时防止挤压幼犬。此外，应做好冬季幼犬的防冻保暖工作。

照料哺乳期幼犬事项

哺乳期幼犬是指出生后至断奶时的小狗。注意防风、保温是提高其成活率的关键。另外，幼犬活动能力不强，易被狗妈妈压死、踩伤，要加强看护。

具体照料事项如下。

（1）吃足初乳　初乳中所含的各类蛋白质及抗体是正常乳汁含量的2~3倍。幼犬在消化吸收初乳后得到母源抗体，大大增强对传染病的抵抗力。

（2）固定奶头　绝大多数出生后的幼犬可自行固定奶头吸乳。对吃不到母乳的，特别是瘦弱的幼犬，应采用人工辅助，帮助它们找到乳量较多的奶头吸乳。

（3）多晒太阳和活动　出生5天后，把幼犬抱到室外与狗妈妈一起晒太阳，一般每天2次，每次半小时左右，让其呼吸新鲜空气，促进骨骼发育，防止软骨软化症的发生。20天以后，可让狗妈妈带着幼犬活动，随着日龄的增加，幼犬活动量可逐渐增加。

（4）保持清洁卫生　幼犬睁眼之后会在自己的窝里排泄，要定期清理幼犬粪便，更换清洁垫料，保持窝内清洁；要定期擦拭，保持幼犬身体清洁卫生。

（5）保证充足营养　随着幼犬日龄增加，母乳已经不能够满足其生长发育的需要，要及时适当添加辅食，选择容易消化的动物性饲料为主，辅加植物性饲料。

（6）做好日常护理和保健　幼犬出生后20天左右给它修剪1次趾甲，以免在吃奶时抓伤狗妈妈的乳房。根据各类传染病预防要求，幼犬断奶后，要及时带它去宠物医院接种疫苗。

18. 训练狗狗大小便很重要

小狗说：妈妈讲，不能随处大小便。

训练狗狗大小便有方法。

（1）准备狗狗厕所或尿垫　可以放在家里厕所或阳台空间大的地方。狗厕所或尿垫不要放在狗窝旁边，附近不要有太多杂物。狗对自己的尿液气味非常敏感，最开始的时候，可以将尿液收集起来，放在自家卫生间或有狗狗厕所、尿垫的固定地方，这样狗下次方便的时候会遵循气味去排泄。

（2）训练定点大小便　首先掌握狗的排便规律，狗刚睡醒、饭后10~20分钟，或不停嗅闻，代表可能要排便，需要立刻带它上厕所。可以用零食引诱训练，引导狗跟着去狗厕所里大小便。

（3）及时制止教育　狗狗像孩子一样，做错事情如果主人没有及时制止，它不会意识到自己的错误，所以在发现狗随地大小便的时候要及时制止，进行批评教育。但不可以随意打骂，不然狗下次随地排泄后会因为担心主人责罚，而将排泄物吃掉。这个画面可不好看啊！

（4）有效引导　狗开始排便时附加口令"便便"或"尿尿"，等它排便完，给零食奖励。对狗的训练也要有赏有罚，赏罚分明，训练过程中，狗正确上厕所了可以进行适当奖励，让它知道正确上厕所的好处。

（5）及时清理大小便　训练期间如果狗在错误的地方乱拉、乱尿，主人及时清理就好。

（6）重复训练　要重复训练狗定点大小便，直到其真正学会为止。

19. 狗狗也有假性怀孕吗

狗狗假孕，可能是内分泌失调惹的祸。

假孕是指狗假性怀孕的表现。假孕一般是指无论是否交配，发育成熟的狗发生了与怀孕相似的身体变化和行为改变，例如有哺乳的倾向，或是为幼犬筑窝，但是到了预产期却没有生产。假孕在发情后6~8周的狗狗中最为常见，这是由于其体内激素分泌失调而导致的，症状可能会持续一个多月。

狗狗假孕会随着时间的变化，而表现出不同的特征。

假孕早期，狗的性格温和，看起来和平时没有什么区别，可能会有食欲增加，也有可能食欲下降；部分狗假孕后有呕吐或腹泻的反应。

假孕中期，狗的乳腺开始发育，变得肿胀，腹围增大，体重增加，嗜睡、不喜欢活动，有时也会有攻击行为。

假孕晚期，狗会情绪焦躁不安、厌食，攻击性增强，开始表现出给幼犬筑窝，经常叼着玩具到某个地方；它的乳腺也会开始产生乳汁或是棕黄色的液体，这时狗会保护自己的玩具，把玩具臆想成幼犬，所以最好不要随意和它抢玩具。

狗狗假孕原因

（1）内分泌紊乱　生殖激素出现紊乱是导致狗狗假孕的重要原因。

狗发情排卵后，不管是否受孕，卵巢都会形成黄体，黄体分泌的一种名为孕酮的激素会引起妊娠变化。如果分泌的孕酮量与狗狗怀孕时相当，且存在时间过长的话，某些狗就会出现假孕的症状。

（2）生殖疾病影响　当狗的黄体发生病变时，会使孕酮激素分泌异常。子宫内膜炎、子宫积液、子宫蓄脓等疾病也会导致孕酮激素分泌异常，从而引起狗狗假孕。

（3）饮食影响　有的主人为了让狗快速成长，会给狗喂食含有大量雌性激素的生长剂或食物，这样很容易扰乱狗体内的激素平衡，导致狗狗假孕，所以千万不要这样做。

狗狗假孕处理

狗狗假孕会对身体产生危害。如果狗狗假孕的症状一直没有消失，乳房持续肿胀且不断分泌乳液，乳液积聚在乳腺中会有患乳腺炎的风险，严重的话，会导致乳腺溃疡，甚至坏死。

如果是由于子宫蓄脓而出现的假孕，狗会一直分泌脓性分泌物，如不及时治疗，可能会危及生命。有时狗狗假孕的症状与腹水、肿瘤等相似，主人可能会混淆病症，不引起重视的话，会耽误狗的治疗。

如果是轻度假孕可以不用治疗，大多数症状在2~4周消失。主人在家中可以按压狗的乳房部位，帮它排出分泌的乳液，缓解它的肿胀，还要给它佩戴伊丽莎白圈，防止它去舔舐并刺激乳液的分泌。

如果假孕症状持续不消失或假孕症状明显，狗狗身体不适，反应很大，或行为变化很严重，主人就需要带它去宠物医院治疗。

如果不想让狗繁殖，最好提前绝育，避免出现假孕的现象。已经有假孕症状的狗，需要等所有症状缓解并消失后，才能进行绝育手术。

20. 人狗药不同

人狗病痛不相通，药物也不相通。

当狗生病了，有些主人会到药店买一些人经常吃的药，直接给狗服用。他们觉得人能吃的药，狗应该也能吃。但是，由于狗狗体形和人有较大的差异，体内新陈代谢方式也不太一样，有些对人类来说安全的药物，对狗来说并不安全，甚至有致命风险。

人用药的剂量往往比较大，而狗之间的体形、体重差异比较大，盲目喂食人用药物很容易引起药物过量。

有些人用药本身就不适用于狗，很容易造成药物中毒，甚至导致死亡。在没有明确诊断的情况下给狗盲目使用人用药，不仅没有效果，还可能起到相反作用，延误病情，甚至有致命风险。

狗生病了，应向执业兽医咨询或者到宠物医院就诊，在明确诊断的基础上，选择宠物专用药品治疗。如果必须使用人用药，也要遵循执业兽医的指导，明确适合宠物专用的剂型、剂量、给药方式等问题才能给狗服用。

21. 可以缺脑子但不能缺钙

缺钙这一块，人和狗是一样的。

狗跟人类相似，在特殊的生理需求和病理情况下，也是需要补钙的。刚刚断奶后的幼犬、老年犬、怀孕和哺乳期的狗妈妈，以及长期以动物肝脏或鱼类为主食的狗，都需要适当补钙。

如果狗缺钙，会表现为食欲减退、消化不良、异食、渐渐消瘦、生长缓慢、关节肿胀变形、O形腿或X形腿、乳牙不易脱落，以及恒齿生长缓慢，出现双排牙、牙龈炎等症状。

给狗补钙，最好能食补的尽量食补，食补不足或者不够的才选择药补。狗缺钙不严重的话，只要饮食中增加含钙量多的食物就可以补钙了，例如投喂更多含钙丰富的零食。

常见的补钙零食其实很多，一般奶制品、肉制品、骨制品含钙较多，比较适合的有奶酪条、牛肉粒、动物骨头零食等。

如果狗缺钙比较严重，且食补效果不好（挑食等），那就要考虑药物补钙。最常见的方法就是服用钙片，宠物钙片一般都是添加了奶粉的钙片。狗缺钙严重时，需要带它到宠物医院打补钙针或者以静脉输液的方式补钙。

补钙时要注意必须适量，补钙过量会出现不良反应，有些还很严重。如果有条件，应当在执业兽医的指导下进行补钙。

注意不要在狗骨折后立即补钙，因为骨折断端会释放大量的游离钙到血液中，如果此时补钙，有可能会导致血钙过高，加重肾脏负担，最好在骨性骨痂形成后开始适量补钙，以帮助其骨骼重建，恢复健康。

除了科学、合理地补钙之外，还要带自家狗多晒太阳、适量运动，晒太阳可以促进维生素 D 的合成，适量运动可以增加骨密度。

22. 狗狗的异食症

像狗狗一样，保持对世界适度的好奇心。

异食症是指狗有意识地摄入一些非食物性物质，常见的有粪便、泥土、墙灰等狗不能吃的物质。异食症是饲养狗时经常会碰到的问题，只有了解异食症的原因，才能采取相应的防治措施。

狗狗异食症的预防措施有以下几点。

（1）补充各类营养物质　特定营养物质缺乏是最常见的病因，例如缺钙和磷导致体内钙磷比例失调；缺乏维生素等导致营养代谢紊乱。补充钙、磷等多种矿物质和维生素，可以很快改善异食现象。

（2）预防寄生虫感染　体内寄生虫感染也同样可以导致狗狗营养代谢紊乱，从而出现异食。定期驱虫，可以逐渐改善异食症状。

（3）减少精神障碍　当受到外界比较大的精神刺激时，狗容易产生异食症。这种异食难以预防，应尽量减少各种应激因素。例如在分娩、泌乳阶段，尽量保持环境安静，不让陌生人接近等。

（4）培养良好习惯　幼犬消化能

力弱，食物未完全消化就排出，导致粪便仍存有食物的味道，会出现吞食粪便的现象。有些异食症的产生是由于刚开始的好奇心，吞食后也没发生什么异常情况，且没有受到主人的制止，慢慢形成习惯。因此，主人要培养狗狗良好的饮食习惯。

23. 狗狗的分离焦虑症

狗狗：他走了，是不是不爱我了？

狗狗分离焦虑症是指狗在主人离开视线后产生过度焦虑的情况，表现为吠叫、烦躁、破坏家具、随地大小便、频繁舔咬自身部位等异常行为。分离焦虑症的发生，可能与狗在幼年期未能与人或其他犬产生良好互动有关，主人的工作时间改变、搬家也可能导致狗出现分离焦虑症。

很多主人抱怨说，自己家的狗平时乖巧可爱，但自己离开家半天，一进家门却发现家里像遭了盗一样，满地碎纸片，物品散落一地，自己的床也被尿湿了一片，而狗无辜地看着自己，好像一切与它无关。这就是典型的分离焦虑症。

如何应对分离焦虑症？

（1）建议保证狗足够的运动量，消耗过盛的精力。

（2）出门前转移狗的注意力，例如给予特别的零食。

（3）采取特定训练，如拿着包，穿上鞋，走到门口，假装出门，但接着走回房间，如此反复，让狗对主人出门的敏感度大大降低。

（4）情绪控制训练，出门时不要有太多告别行为，回到家时先不要理会亢奋的狗狗，等它冷静后再给予奖励和交流。

（5）平时训练狗单独生活的习惯，增强其独立性，每天给狗1~2小时的单独时间，减少它们主动寻找主人的行为。

（6）多给狗准备玩具，让狗通过自己玩玩具，来减轻主人不在时的分离焦虑症。

24. 安乐死——这是很艰难的决定

它不仅仅是一条狗，更是我的家人、朋友。

狗狗安乐死是指对精神和躯体极端痛苦且无法救治的狗，停止治疗和使用药物，用人道方法使狗在无痛苦状态中结束生命的过程。

对部分被随意抛弃、无人收养、生活质量差，可能引起社区公共卫生安全的无人领养或身患严重疾病的流浪狗，也可以通过安乐死的方式来减轻狗的痛苦。

目前国内常用的安乐死方法是配合注射麻醉剂和化学药物。大剂量的麻醉剂使狗失去意识，感受不到痛苦，然后快速静脉注射药物如氯化钾。高浓度的钾离子可抑制心肌，使心脏停搏而死亡。还有一种吸入麻醉药物也可进行安乐死。

在大多数情况下，狗看起来都是非常安详的，没有其他太多的反应。就像平常上床睡觉一样，只有医生和主人才知道，它已经离开这个纷扰的世界了。

第三部分

汪星人和主人抵抗疾病

汪星人症状解析

1. 狗狗呕吐

狗狗呕吐先禁食。

狗是杂食动物,极易发生呕吐。引起狗狗呕吐的原因有很多种,不论什么病因引起的呕吐,都应被视为一种重要的临床症状。反复、持续的呕吐可能会引起严重的不良后果。

引起呕吐的原因主要有以下几点。

(1)体内寄生虫 狗狗呕吐比较常见的原因就是体内寄生虫,影响肠胃健康,引起消化不良性呕吐。

(2)饮食不当 狗吃得太急、太油腻、太饱、太杂都会增加肠胃负担,引起肠胃不适,进而发生保护性呕吐,应减轻肠胃负担。狗肠胃受刺激,如吃辛辣、生冷的食物,也会发生呕吐。

（3）食物中毒　主要是指狗吃了有毒的食物或者过期、变质、不干净、被病菌污染过的食物，同样会造成严重的呕吐反应。

（4）传染病　狗感染犬细小病毒、犬冠状病毒、犬瘟热等都会伴随呕吐、腹泻等症状。

（5）器官功能衰退　主要是指内脏器官疾病引起的呕吐，如狗胰腺炎和肾脏衰竭等。

（6）异物性呕吐　狗误食了异物，导致胃肠道梗阻，引起呕吐。

（7）其他原因

发生呕吐后，首先采取禁食，让胃肠道得到充分休息，适当使用药物以保护胃肠道。禁食 1~2 天后，可适当给些容易消化的食物，在不发生呕吐时慢慢增加喂食量。如果禁食后持续呕吐，精神状况越来越不好，一定要及时送宠物医院就诊，找出呕吐的具体原因，积极对因和对症治疗。

平时饲养过程中要做好预防呕吐的工作，如注意做好保暖、驱虫、疫苗接种、定时定量喂食等，不让狗吃不洁食物，不乱吃外面的食物。

2 狗狗腹泻

狗狗腹泻先了解病因。

腹泻的病因多种多样，主要是饮食消化吸收障碍，造成清浊不分，混杂而形成泄泻。腹泻的病因分为感染、非感染和中毒 3 种。

（1）感染因素　感染是临床上最常见的腹泻病因，由感染引起的狗狗腹泻称感染性腹泻。感染性腹泻常由细菌、病毒、寄生虫等引起。

由细菌引起的腹泻，其特征是腹泻或便血，主要有犬大肠埃希菌病。病原体吸附并侵入肠黏膜，繁殖后产生毒素引起肠黏膜变性坏死，大量炎性物质渗出。

　　由病毒引起的腹泻，有些病原体吸附于肠黏膜表面，通过产生毒素引起肠黏膜上皮细胞变性坏死，蛋白质、黏液渗出，同时炎症刺激肠运动加快，造成腹泻，如犬细小病毒、犬冠状病毒感染。

　　由寄生虫引起的腹泻，其特征是消瘦、营养不良、发育受阻，主要有犬蛔虫病、犬钩虫病等。

　　（2）非感染因素　如肠道肿瘤、急性出血性坏死性肠炎、肠道过敏等会造成肠黏膜损害和炎性物质渗出，引起腹泻。

　　体内物质如促胃液素、促胰液素等在生理条件下能促进消化液分泌，若它们呈病理性增加，会引起腹泻。

　　功能性腹泻，如精神紧张、应激反应所引起的神经性腹泻、黏液性结肠炎和结肠功能紊乱等，均可引起腹泻。

　　（3）由中毒性疾病引起的腹泻　有机磷杀虫药中毒，主要表现为唾液分泌增多、瞳孔缩小、呕吐、腹泻、尿频、腹痛及中枢神经系统症状。变质食物中毒，狗误食变质食物后发生呕吐、食量减少，严重者出现腹泻、便中带血。

3.狗狗吐黄水、白沫

狗狗吐黄水、白沫可能是急性胃炎。

狗狗吐的黄水和白沫是胃液和胆汁的混合物。首先，应考虑急性胃炎，急性胃炎可见于各个年龄段的狗，诱发原因包括饮食不规律、饮食不洁等；其次，急性胰腺炎也可导致狗吐黄水、白沫；最后，考虑胃肠道梗阻，常见的原因是误食异物。

很多疾病都会引起呕吐，比如消化不良、犬细小病毒感染、犬冠状病毒感染、细菌性胃肠炎、胰腺炎、寄生虫感染、肝损伤、肾损伤、中毒、肿瘤等。

如果是2~3个月的幼犬，在免疫空档期发生吐黄水、白沫现象，需要立即到宠物医院排查感染犬细小病毒、犬冠状病毒的可能性。尤其是犬细小病毒，对狗的危害性很大，常常造成出血性肠炎，致死率较高。

如果狗是消化不良导致的呕吐，在止吐的同时，可以给它口服益生菌，调理胃肠功能。

如果是老年犬出现吐黄水、白沫情况，应该考虑胰腺炎、器官功能性

损伤。若是慢性肾衰竭，需要做生化检查，看各器官指标是否异常。

在日常生活中，更换狗粮需要逐渐进行，否则也会引起吐黄水现象。

4. 狗狗无尿、少尿

定时遛狗，注意狗狗排尿量。

狗狗不排尿主要有生理性原因和病理性原因两种。

生理性原因是狗饮水量较少或者狗不爱喝水，导致尿量变少或无尿。

主人可以多观察，看看狗平时的饮水量是不是真的太少了，如果是的话，需要让狗多喝水。有些狗因为环境改变了，不愿意排尿，可以带它去草地。

病理性原因是狗患有泌尿系统疾病，比如膀胱炎、尿结石、尿路堵塞等。通常狗还会出现排尿困难、尿液异常等症状，主人应及时带狗去宠物医院检查治疗。

临床上，大多数狗狗尿不出或有血尿是由尿结石引起的。

5. 狗狗不爱吃饭

吃货狗狗不爱吃饭了，是一件大事情。

狗狗不爱吃饭也有生理性原因和病理性原因两种。

生理性厌食

如果狗只是单纯不吃东西，而没有其他异常表现，一般是生理性厌食。如果狗不吃东西，同时有其他疾病症状，可能是病理性厌食，要引起重视，必要时及时就医。

生理性厌食主要是食物不合胃口，比如狗经常吃狗粮，但突然给它吃罐头食品和火腿肠，它发现罐头食品和火腿肠吃起来更好吃、更有适口性，就不会再吃原来的狗粮了。

另外，生理性厌食可能是因为狗处于特殊生理期如妊娠期、换牙期、发情期等，如果没有什么其他异常表现，大小便均正常，可观察几天。

此外，狗狗如果长时间得不到主人的关爱，或处于恐惧的情绪中，也有可能会出现不吃不喝、没精神的情况，此时主人要多关爱狗狗，一般几天就可以恢复食欲。

病理性厌食

狗狗病理性厌食，主要是指生病引起的食欲不振，狗狗身体不舒服，自然不爱吃饭。如胃肠系统发生疾病，狗会完全没有食欲，就不愿意吃狗粮了。

针对狗厌食的情况，如果精神很好，可以给它更换一下食物种类，或者让它饿一下，看它会不会吃，如果还是不吃，就要及时去宠物医院就诊。

如果狗的精神状态比较差，同时伴随呕吐或者腹泻，就要引起主人注意了，可能提示一些其他疾病，经观察，呕吐没有改善，或者一直不吃，就需要带它去宠物医院做相应的排查。

6.狗狗不爱喝水

培养狗狗爱喝水的习惯。

水分是狗狗生命中最为重要的一种物质。狗通过喝水来促进新陈代谢，如果狗狗身体缺水，很容易对健康造成影响。

狗狗不爱喝水的原因

（1）有时狗并不是不喜欢喝水，而是还不渴。在狗健康的前提下，不必过于担心，只要将水放好，狗口渴的时候自然会自己喝。

（2）水的质量不好或换了水。狗可以很快发现水不一样了，就不喜欢喝水了，所以首先要保证水的质量，水温也不要太高，最好给予煮沸过的自来水。

（3）狗口腔有疾病时，也可能不爱喝水。口腔发炎、口腔溃疡、口腔肿瘤或牙结石等疾病都可能导致狗不想喝水，建议主人平时多注意狗的口腔健康，特别是磨牙期。

（4）狗身体不舒服，肠胃炎，犬瘟热、犬细小病毒、犬冠状病毒感染、缺钙、缺乏部分微量元素，肝炎、胰腺炎、肾脏疾病等也会导致狗不爱喝水。

培养狗狗多喝水的习惯

（1）饮水器具保持干净　狗的嗅觉比较灵敏，特别有些狗还有一点小洁癖，如果发现喝水的器具很脏、很久没有清理过，就不愿意喝水。

选择合适的饮水工具，喝水的碗盆或者饮水器要定时清洁。如果家里是瓷砖地板，最好不要用铁器饮水工具，因为狗在使用的时候，器具容易发出刺耳的摩擦声。有些胆小的狗，如博美、柴犬等可能会受到惊吓，对喝水产生阴影。

（2）多带狗去运动　运动能够加速狗的水分消耗，出于生理原因，狗会主动找水喝。如果狗整天都待在家里，它们的饮水频率就会减少。

（3）添加爱吃的东西　狗也有天生就不喜欢喝水这种情况，可以适量在水里加入一些蜂蜜或者葡萄糖，这样不仅可以改善狗的胃肠系统，而且能增加狗的饮食欲。

7. 狗狗脱毛

狗狗脱毛和人掉发一样，最怕区域掉。

狗的被毛对身体起到一定的保护作用，这些毛发可以让狗免受水、荆棘、利爪的伤害。

同时，由于保暖、避暑的需要，狗的被毛形成独特的生理现象。有些品种狗会在春、秋两季定期换毛，以适应天气的变化。换毛时，狗的毛发会大量自然脱落。

如换毛期之外的时间大量脱毛，可能是病理性脱毛，要引起重视。

狗狗病理性脱毛的主要原因有以下几点。

（1）营养缺乏引起的脱毛 狗如果缺乏毛发生长所必需的一些维生素，如维生素A、B族维生素、皮肤毛发所需微量元素和一些脂肪酸等，也可引起全身性脱毛，此时可补充以上营养物质。

（2）内分泌紊乱导致脱毛 常见的脱毛原因有肾上腺皮质功能亢进症、甲状腺功能减退症、雄性激素分泌过多、卵巢囊肿等。针对此类脱毛，要及时诊断，采取相应的药物治疗。如果是性激素引起的脱毛，可以通过绝育手术来治疗。

（3）真菌感染性脱毛 这类脱毛一般以局部脱毛为主，逐渐扩大脱毛范围。常见皮屑圈状脱毛，四肢末梢、耳尖、尾尖脱毛。可以采用抗真菌药物治疗，同时加强环境卫生消毒，防止感染人。

（4）寄生虫性脱毛 狗如果体表或者体内有寄生虫，主要以跳蚤叮咬引起的过敏性脱毛为主。在用药物治疗的同时，定期外用灭跳蚤药。

（5）过敏性脱毛 此类脱毛也是常见因素，大多数是食物过敏或接触环境中的一些过敏原导致，一般表现为瘙痒，再出现脱毛。要找出过敏原，采用抗过敏药物治疗，远离致敏物质。

临床上找出狗狗脱毛的具体原因，对因治疗。

8. 狗狗掉牙

> 狗狗换乳牙，是成长的必要仪式。

引起狗狗牙齿脱落的原因主要包括外伤性、生理性及病理性。其中，外伤性掉牙一般由剧烈撞击等原因导致，会严重损伤狗的牙龈等组织。生理性掉牙发生于未成年时期，也就是乳牙脱落。病理性掉牙主要是因为牙结石、牙龈炎及牙周炎等相关疾病。

生理性掉牙

狗在 5~6 个月的时候会更换一次乳牙，这是正常的新陈代谢。狗在换牙期间会出现爱咬东西的情况，主人需要提前准备一些磨牙零食或者橡胶玩具给它啃咬。狗进入老年期，牙齿老化，也会掉落。在正常情况下，狗的一生只会掉 2 次牙齿，一次是在小奶狗时期换牙，一次是步入老年期牙齿老化掉落。

病理性掉牙

病理性掉牙主要原因有：给狗长期喂食动物肝脏、胡萝卜，导致狗维生素 A 中毒，引起牙齿脱落；狗缺钙，牙齿变得脆弱、易脱落；主人长期不为狗清洁牙齿，导致食物残渣在口腔内腐烂、发酵，滋生细菌，从而引发各类口腔疾病，导致狗的牙齿大面积松脱。

狗狗也像人一样，需要经常清洁牙齿，所以主人要定期对狗的牙齿进行清洁和保健。

9. 狗狗便秘

当上厕所变得费劲，可能是便秘。

狗狗便秘是十分常见的现象。

造成狗狗便秘的原因主要有：喂食不合理，不吃狗粮，长期吃动物内脏、肉和米饭之类的食物，不吃水果或蔬菜；狗的身体肥胖，运动量少；狗不爱喝水，上火；狗吃了大量骨头；狗突然到了一个新地方，环境和作息时间有调整；狗进入老龄阶段，患有消化系统疾病，主要是肠道梗阻、肛门或肠道肿瘤。

便秘给狗造成的危害很大，积蓄的粪便会不断地释放毒气、毒素，破坏肠道环境，导致胃肠功能失调、内分泌紊乱，新陈代谢减慢，引起食欲减退、脾气暴躁的症状。

预防狗狗便秘主要从食物上采取措施，让狗少吃动物内脏，少吃肉食，养成吃狗粮的习惯；大量饮水，多吃富含植物纤维的水果或蔬菜；防止肥胖，可加大运动量，增加热量消耗。

10. 狗狗四肢无力

"小病狗"不爱动了，及时查找原因。

狗大都是十分好动的，喜欢奔跑和玩耍。如果发现狗出现四肢无力的情况，不能轻视，可能是患病的预兆。

狗狗四肢无力有以下原因：缺钙，狗对钙质的吸收量比人要大得多，体形较大的狗往往容易缺钙；关节炎，患各类关节疾病也会引起四肢无力；缺乏运动，幼时缺乏锻炼或身体过于肥胖会引起四肢无力；传染病，患传染病也会引起四肢无力，如犬瘟热。

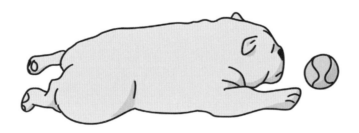

狗狗四肢无力时采取以下措施。

（1）加强运动　如果狗是由于缺乏运动导致的四肢无力，加强狗的运动量。制订一个详细的计划，可以每天带狗出去散步，陪它做一些户外运动，想一些提高狗运动积极性的方法。

（2）补充营养　狗精力很旺盛，但跑起来却是一摇一摆，很可能是由于缺钙和关节营养素导致的，必须及时给狗服用钙片和补充微量元素，以助于狗骨骼的发育，同时补充各种有利于关节的营养保健物质。

（3）及时去医院　狗出现四肢无力、抽搐的现象，是由多种原因造成的。可能是被关的时间太长，导致站立不稳，四肢乏力；可能患有各类全身性疾病，要及时去宠物医院进行全面体检，找到具体的原因，对症治疗。

常见汪星人疾病

1.狗狗体内寄生虫

寄生虫太多，防不胜防。

狗狗体内常见的寄生虫是消化道寄生虫。造成狗狗感染体内寄生虫的原因有很多，刚出生的幼犬，体内寄生虫一般经胎盘从狗妈妈传染而来。另外，环境中存在寄生虫虫卵或成虫，狗狗经常舔食，也会感染寄生虫。

寄生虫感染后临床症状

狗狗体内感染寄生虫后，影响健康，危害较大。感染会逐渐引起狗贫血和消瘦，抵抗力下降，还会导致狗呕吐、便秘，严重时还会导致狗发热、皮肤瘙痒，甚至导致脱毛的情况。对于幼犬和虚弱的狗来说，消化道寄生虫可能引起生长发育不良、贫血等严重问题。

寄生虫种类

狗狗体内寄生虫主要有心丝虫、蛔虫、钩虫、绦虫等。

心丝虫是一种威胁生命的寄生虫，通过蚊虫途径传播，可能会对狗的心脏和肺部造成严重损害。心丝虫病被认为是最严重的临床疾病之一。

蛔虫是常见的寄生虫之一，幼犬及成年犬容易被感染，环境中的虫卵是主要传染源。另外，老鼠也是传播媒介之一。严重蛔虫感染会导致幼犬因营养不良而死亡，所以主人不能掉以轻心。

钩虫长 1~2 厘米。它们附着在小肠内壁，以血液为食。由于吸血，钩虫感染可能会导致狗狗严重贫血。钩虫幼虫在体内移动，可以通过受感染动物的粪便传播，也可以通过胎盘感染、母乳感染。钩虫幼虫可以钻入皮肤（尤其是脚）进入宿主，所以也有环境感染的可能。

绦虫寄生在狗体内，主要有犬复孔绦虫、带状绦虫等 8 种。感染绦虫会影响狗的食欲，有时便秘与腹泻交替出现，体重下降。绦虫吸附在小肠黏膜上，吸取狗狗大量的营养，并分泌毒素。严重时造成肠道损伤、生长发育障碍、营养不良、消瘦、贫血等。绦虫的传播需要中间宿主，例如跳蚤、虱子等。

预防寄生虫

预防狗狗体内寄生虫感染，主要采取定期用驱虫药驱虫的方式。

狗狗的体内驱虫是非常有必要的，预防大于治疗。内服驱虫药可以混在食物里让狗吃下去，达到驱虫的目的；外用驱虫药一般是滴剂，滴在狗的脖子后面，渗透进其血液，并在体内循环，能保留很长时间，可达到驱虫目的。

给狗驱虫需要按照年龄阶段进行，如果饲养的是幼犬，建议 1~2 个月体内驱虫 1 次；如果饲养的是成犬，建议 3~4 个月驱虫 1 次。要是狗有吃生肉的习惯，最好是固定 3 个月进行 1 次体内驱虫。

发现狗狗体内有寄生虫后，建议去医院检查，确定虫型后再用药驱虫。同时为预防寄生虫感染，要杜绝狗食用生肉、生鱼及饮用不洁的水。

2 狗狗弓形虫病

狗狗只是中间宿主。

狗狗弓形虫病主要是由刚地弓形虫引发的一种在人或动物细胞中寄生的原虫病，弓形虫终生宿主仅有猫科动物，其他动物都属于弓形虫的中间宿主。狗也属于弓形虫的中间宿主动物，患病犬或猫是养宠人员弓形虫感染的主要传染源。

弓形虫发育阶段不同，形态差异也比较大。中间宿主在吞食猫排泄出的卵囊后，孢子会通过中间宿主的血液及淋巴液最终进入肠道组织细胞中，通过双芽生殖的方式繁殖大量速殖子，使中间宿主动物感染后进入急性感染期。

弓形虫感染后临床症状

弓形虫是一种机会致病性寄生虫，感染人群主要是孕妇，以及免疫功能低下的患者。正常人感染后，多数为隐性感染状态，不会表现出任何临床症状。对于免疫功能低下的患者，感染后可表现为脑炎、脑膜炎、脊髓炎、癫痫发作、精神障碍，出现发热、头痛、喷射状呕吐，不同程度的意识障碍、视力障碍等。

预防狗狗感染弓形虫

为有效预防饲养狗狗时感染弓形虫，首先要做好清洁，犬猫混合饲养要十分注意，更容易引起狗感染弓形虫。

狗在喂养过程中要杜绝直接喂食生鱼、生肉或一些可能含有弓形虫包囊的动物脏器组织。做好定期驱虫，通过合理使用预防性用药，实现对弓

形虫感染的有效预防。

　　猫要养在家里，减少外出，禁止与流浪猫直接接触。家庭养猫一定要喂熟食或商品化猫粮，不让它们在外捕食，减少猫感染弓形虫的机会。

预防人感染

　　预防弓形虫感染重在防止猫弓形虫感染人，感染的猫粪是重要的传染源。传染性一般持续 20 天，这段时间是传染期。含弓形虫虫卵的猫粪污染的食物、饮水，甚至灰尘，人通过消化道摄入后都可以感染弓形虫。因此，养猫准备的猫窝、猫盆等器具，要定期用沸水冲洗，猫粪要进行消毒处理，处理猫窝或猫粪时应戴防护手套，处理后立即用消毒肥皂洗手。

　　人怀孕期间与猫接触应加强防护措施，禁止猫舔人的手、面部或黏膜，禁止猫舔饭碗、菜碟等食具。存在于土壤中的弓形虫卵囊有可能污染蔬菜、水果，在食用前一定要清洗干净。做到不吃生蛋或未煮熟的肉。切生肉和动物内脏的菜板、菜刀，要与切熟肉和蔬菜、水果的菜板、菜刀分开。

3.狗狗皮肤病

狗狗皮肤病，离不开药浴。

狗狗皮肤病是一种以皮肤和被毛的病理性改变为特征的常见病，占临床病例的 10%~20%。

狗狗皮肤病的种类

（1）寄生虫性皮肤病　常见的有虱子、跳蚤、螨虫和蜱虫引起的皮肤病等。这些寄生虫多寄生于狗的皮肤、毛发、外耳道或皮肤褶皱处，通过叮咬狗的皮肤，吸食血液生存。不仅会造成狗瘙痒、脱毛，继发贫血和细菌感染，寄生虫叮咬过程中产生的唾液也是过敏性皮炎的诱因之一。

（2）真菌性皮肤病　致病性真菌可侵入狗的皮肤、耳郭、皮下和趾间等浅表部位，临床上主要表现为皮屑增多、瘙痒、脱毛等，严重影响狗

的健康和外观。临床检查可见患病犬皮肤干燥或龟裂，出现脓疱，常伴发毛囊炎等。

（3）过敏性皮肤病　过敏性皮肤病是患病犬接触食物、药品、化学品等过敏原引起的瘙痒性皮肤病，发病特点因狗的品种及体质而异。有些品种狗对许多食物容易过敏，饲养中让狗远离过敏原及疑似过敏原。

（4）营养性皮肤病　营养均衡对狗的生长发育非常重要，营养摄入不均衡会导致其皮肤及附属结构发生器质性病变，如微量元素锌的缺乏会使狗狗的被毛干枯，甚至导致狗狗出现皮屑性皮炎。

狗狗发生皮肤病时，应尽可能找出致病原，根据不同病因采取治疗措施，不能随便自己用药，不能病急乱投医，这样容易出现药物不良反应，特别是激素的使用一定要慎重。在难以查出病因的情况下，应考虑多方面因素，采取补充营养、调节功能、抗菌消炎、加强管理等综合性防治措施。

皮肤病药浴注意事项

狗狗皮肤病多为慢性经过，有时药物治疗效果不明显，长期用药存在不良反应。采取药浴疗法辅助治疗皮肤病，具有不良反应小、治疗效果好、使用方便、价格低廉等特点，特别是治疗全身性皮肤病，是一种行之有效的治疗方法，药浴在皮肤病保健和治疗中发挥了较好作用。由于操作简单，主人在家中可以自己操作。

药浴时注意，确定所使用药浴药品的稀释倍数，配制所要求的浴液后，充分搅拌，使其均匀溶解。药浴前，将食物、饲料、饮水及器具取开，避免直接接触药液。注意勿使药浴液流入眼睛及耳朵内，要防止狗狗误食、误饮。

如果狗身体很脏，必须先采用普通清洁剂冲洗，一定要擦干后再使用药液药浴。药浴完成冲洗后，不必再用清水或者肥皂清洁剂洗涤，隔数分钟后，只需擦一擦，再用吹风机吹干。狗狗药浴完成后，要给它点眼药水以保护眼睛。

如果狗狗在哺乳期间，药浴后需将狗狗乳房冲洗清洁，以防幼犬吸乳时出现过敏反应。

4. 狗狗蜱虫感染

狗狗感染蜱虫，不能硬拔。

狗狗蜱虫，又名壁虱或扁虱，蜱虫一般喜欢栖息在草地、树林之中，尤其是脏乱潮湿的环境，在春、秋季时，蜱虫活动较为频繁。当狗在草地上或树林间采食与奔跑时，有可能被蜱虫叮咬。由于蜱虫嘴部有倒钩，狗被叮咬后往往很难摆脱，从而引起蜱虫病。狗狗一旦感染蜱虫，接触狗狗的人也会被传染。

感染蜱虫后临床症状

（1）皮肤出现水肿、出血、急性炎症等反应
常常表现为瘙痒、烦躁不安，狗狗经常摩擦、抓挠或啃咬皮肤。

（2）引起营养不良　蜱虫是吸血为生，大量寄生时可以引起狗狗贫血、消瘦、发育不良等。

（3）产生神经毒素　有的蜱虫在吸血过程中能分泌麻痹神经的毒素，使狗狗厌食、体重减轻、代谢障碍，抑制肌

神经乙酰胆碱的释放，造成运动神经传导障碍，引起急性上行性肌萎缩性麻痹，导致狗狗瘫痪。

通常蜱虫叮咬 5~7 天后，狗就会开始出现不安、轻度震颤、步态不稳、无力和跛行。

蜱虫感染后，还会传播一些其他传染性疾病。蜱虫是吸血动物，一旦叮咬携带病原体的宿主动物后，再去叮咬人，病原体就会进入人体引发疾病。目前已知的蜱虫可能传播的疾病有脑炎、出血热、回归热、莱姆病、立克次体病、细菌性疾病等急性传染病。

预防蜱虫感染

预防狗狗蜱虫感染，要做好预防措施，主要采取定期用驱虫药的方式，目前主要采用外用滴剂，滴在狗狗背部皮肤上，预防和杀灭蜱虫。

春天的时候，尽量不要带狗在灌木丛或者草地上逗留，避免被蜱虫感染。如果平时在城区的绿化带散步，并没有多大影响。要养成带狗外出散步回家后就梳一遍毛发的好习惯，可以及时发现蜱虫。

如果梳理狗狗被毛时，看到有褐色虫子寄生于狗身上，可能是蜱虫，千万不要生硬地去拽，容易将蜱虫头部或口器留在狗狗体内，要选择一些容易软化的化学用品，如使用松节油、液体石蜡涂抹在蜱虫头部，之后处理会更加彻底，同时避免出现更加严重的感染现象。

养成良好的卫生习惯，狗狗生长环境保持干净整洁，定期消毒，保证通风良好。尽量不与其他流浪狗接触，避免接触传染。在蜱虫活跃的季节，定期给狗进行药浴或体外药物预防。

5. 狗狗中暑

多毛宠物一定要预防中暑。

狗在炎热的夏季，十分容易引起中暑，一旦发生中暑，往往来不及抢救，病死率很高，所以一定要做好预防措施。

狗的皮肤不能散热，加上毛发多十分容易中暑，尤其是高温天气。狗狗不能生活在封闭、不通风、闷热、潮湿的环境中。夏季气温高，需要及时给狗降温，否则很容易导致中暑。

狗狗中暑临床症状

狗狗中暑临床症状较为严重，通常突然倒地不起，甚至会呕吐。由于中暑时体内温度太高，伤害了狗的内脏器官，首先肠胃系统出现症状，其次狗的身体开始抽搐，耳朵和肚皮出现紫色血斑，嘴里吐出黏稠、量多的唾液，最后呼吸越来越急促，随时可能会猝死。

通常情况下，狗狗中暑可以分为轻度、中度和重度3种情况。

轻度中暑：舌头伸长、流唾液、急喘、躁动，有时走路摇晃；

中度中暑：呼吸困难、神情呆滞；

重度中暑：昏迷休克，体温急剧升高至 41~42 ℃。

中暑紧急处理方法

狗狗中暑后，脑神经系统会受到严重伤害，为了安全起见，建议及时送宠物医院诊治，送医前可做相关降温的紧急处理。迅速将狗转移至阴凉、通风的地方；给它喝点凉水，但不要强迫灌水，容易呛到；在脚掌和耳朵的地方用冷水降温或酒精擦拭降温；送医途中保持环境凉爽、通风，随时

注意狗的精神状态及体温变化。

预防中暑

采用宠物凉席，铺在窝里、地板，或狗狗常趴的沙发、椅子上；及时补充水分；保证饮水碗里不间断地有干净的饮用水，并鼓励狗多喝水，避免脱水；避免高温天气遛狗，地表温度过高容易引起狗狗中暑，甚至可能烫伤狗狗的爪子，建议等外界温度低于 27 ℃ 时，再带狗外出。

高温季节避免过度运动，因为运动产生的热量如果无法及时从体内散发，也有可能引起中暑。

每隔 10 天给狗洗 1 次澡，让狗得到凉爽的同时还可以放松它的心情，洗澡后需要擦干，并用吹风机彻底吹干它的毛发。

多吃水果、蔬菜，偶尔可以吃一些水分较多的水果，例如西瓜，但是要适量，不然容易引起肠胃不适。

6. 狗狗咳嗽

偶尔咳一下没事，频繁咳嗽要去医院。

咳嗽是狗狗呼吸系统疾病中最常见的症状，特别是老年狗患呼吸道疾病后，长期慢性咳嗽，难以治愈，大大降低生活质量，造成狗狗较大的痛苦。

狗狗咳嗽主要是清除呼吸道分泌物和有害因子的一种自身保护反应，但过度频繁且长时间的剧烈咳嗽会对狗日常生活造成严重的影响，长期咳嗽还会引起许多器官的并发症，导致其食欲下降或无食欲，严重影响狗的寿命。

引起咳嗽的常见原因有以下几种。

（1）由呼吸道疾病引起的咳嗽，包括咽、喉、气管和支气管等呼吸道黏膜的炎症和分泌物引起刺激而发生的咳嗽。

（2）由肺脏疾病引起的咳嗽，如肺炎、肺充血、肺水肿、肺结核等。

（3）由心脏、胸膜、膈肌等组织器官的一些疾病引起的咳嗽，如心包炎、胸膜炎、胸膜结核、气胸、膈肿瘤等。

（4）由一些病毒性、细菌性传染病及寄生虫病引起的呼吸道、肺、

心脏等组织器官的病变而导致的咳嗽。

预防狗狗咳嗽

预防狗狗咳嗽，要做好日常护理，每次外出遛狗的时候，要注意防止狗乱吃东西，避免狗吃入异物，因为异物刺激会引发咳嗽；定期带狗去宠物医院接种疫苗，定期给狗驱虫，尽可能减少狗患病的风险，增强狗的免疫力；在饲养狗的过程中，定期清洁狗的居住环境，保持干净，避免环境中灰尘过多而引起狗狗咳嗽。

狗狗咳嗽处理方法

狗狗轻度咳嗽时，可以移除刺激性物质或者将狗转移到环境比较好的地方，咳嗽可能会有很明显的改善，同时适当服用止咳消炎类药物。

如果是狗天生的气管异常，例如巴哥犬、斗牛犬等短鼻犬常见的气管狭窄或者博美犬的气管塌陷，也可能引起剧烈的咳嗽，可以通过手术矫正的方式进行改善。

由于气道梗阻、呼吸道感染、肺部感染、肿瘤等疾病引起的咳嗽，建议主人带狗到宠物医院进行相关的影像学检查，确定病因后，针对性地用药治疗。

7. 狗狗结石

多喝水，注意饮食健康，预防狗狗结石。

狗狗结石是临床上经常遇到的一种严重的泌尿系统疾病，根据结石所在位置，分为肾结石、输尿管结石、膀胱结石、尿道结石。由于饲养不当和疾病因素，狗狗结石成为高发的疾病，中老年犬患病率较高。

结石产生的原因主要有狗平时饮食失衡，摄入过多高蛋白的食物，或者长期饲喂矿物质过多的食物，长期缺乏维生素 A 等；饮水不足也是重要的发病原因，当狗体内长期缺乏水分、尿液变浓，导致尿液中结晶盐逐渐沉积在泌尿系统中，从而直接在尿道内形成尿结石；各类病原菌的感染也会导致结石产生，尿液中的细菌和炎性产物也会沉积而形成尿结石。

狗狗结石临床症状

狗狗结石的临床症状多样，主要表现为尿频、尿液混浊、尿血，一直有小便动作，但排尿不畅。随着狗排尿次数明显增多，尿液中带有黏性或纤维素性絮状物，甚至可能带有血丝。有时可能发现尿液中带有细小颗粒物，或较小的结石，狗还会做出舔舐尿道口的行为。

由于公狗的尿道较细，更容易出现尿道阻塞、排尿困难，所以尿道结石在公狗中更为常见，发病后危害严重。

预防狗狗结石

预防狗狗结石主要采取以下措施。

（1）控制狗饮食　俗话说"病从口入"，狗狗的结石形成也是一样的，大多数是由于食物摄入不当导致的，所以保持狗的健康饮食是很重要的。

选择优质的狗粮饲喂，可以补充狗身体所需的蛋白质，以及脂肪和各种碳水化合物。还可以给狗补充维生素和适量矿物质，以防止狗出现尿路感染或患上尿路结石。

平常饮食中，添加适合于狗消化系统的营养物质，适当补充多种维生素。维生素C是一种很好的补充剂，既是抗氧化剂，也是抗炎剂，添加到狗的食物中，有利于改善狗的肾功能。

（2）给狗提供充足的饮用水　无论春、夏、秋、冬，都得时刻确保狗有充足的饮用水。预防肾结石的最好方法就是确保狗的肾脏能正常工作。狗长时间外出、运动，或者饭后，都要记得给狗喝水。如果狗有结石，多喝水可以促进尿液排出结晶物。

（3）了解狗的品种、性别　结石是由尿液沉淀物形成的晶体，不同的狗品种，患上结石的概率是不一样的。母狗患肾结石的可能性更高；公狗容易患尿道结石，由于尿道细长，更容易出现并发症。

（4）通过处方食物预防结石　目前，许多宠物食品公司开发生产了可以预防结石的处方犬粮、处方食品和预防性药物，可以起到溶石、排石的作用，对于尿结石手术后防止复发有很好的效果。

8.狂犬病

保护狗狗，要接种狂犬病疫苗。

狂犬病是由狂犬病毒所致的人兽共患性急性传染病，多见于犬、狼、猫等肉食动物，人多因被发病动物咬伤而感染。临床表现为特有的恐水、怕风、咽肌痉挛、进行性瘫痪等。因恐水症状比较突出，故本病又称"恐水症"。我国的狂犬病主要由犬传播，动物通过互相撕咬而传播病毒。对于狂犬病，尚缺乏有效的治疗手段，人患狂犬病后的病死率几近100%，患者一般于3~6天内死于呼吸或循环衰竭，故应加强预防措施。

预防狂犬病

预防狂犬病，首先要每年给超过3月龄的狗接种狂犬病疫苗，这样才能阻止狂犬病毒在狗之间的流行和传播。同时要保证接种疫苗的有效性，才能产生良好的免疫力。

相关养犬政策

《中华人民共和国动物防疫法》规定单位和个人饲养犬只，应当按照规定定期免疫接种狂犬病疫苗，凭动物诊疗机构出具的免疫证明向所在地养犬登记机关申请登记。携带犬只出户的，应当按照规定佩戴犬牌并采取系犬绳等措施，防止犬只伤人、疫病传播。

各市养犬管理条例规定依法对饲养的犬只实施狂犬病强制免疫。犬只出生满3个月的，养犬人应当按照本条例规定，将饲养的犬只送至兽医主管部门指定地点接受狂犬病免疫接种，植入电子标识。犬只在兽医主管部门指定地点接受狂犬病免疫接种的，兽医主管部门应当向养犬人发放狂犬病免疫证明。饲养犬龄满3个月的犬只，养犬人应当办理养犬登记。每年对饲养的犬只进行年检和狂犬病免疫。

9. 犬副流感

天气骤变，小狗要做好保暖。

犬副流感是由犬副流感病毒感染引起的急性呼吸道传染病，也是幼犬窝咳（是由多种病原微生物引起的以咳嗽、支气管炎为主要特征的呼吸道传染病）的病原体之一。犬副流感病毒可感染各种年龄段和各种品种的狗，特别是容易感染幼犬，应重点做好幼犬的防治。

犬副流感在春、秋季节易发，所有年龄段的狗都可能被感染，未接种疫苗的幼犬或疫区犬易感。在大型的养犬基地，犬饲养密度大、环境潮湿、卫生条件差、个体免疫差异和群体免疫不全时，本病容易发生流行。

家庭狗发病，主要因为副流感疫苗免疫不全或免疫失败引起，天气骤变或犬副流感的大量传播而导致发病。

犬副流感临床症状

犬副流感主要表现为以咳嗽、流鼻涕、发热为特征的呼吸道症状。

预防犬副流感

犬副流感每年通过进行疫苗免疫，可有效预防。目前市面上没有单一预防犬副流感病毒的疫苗，都是和预防其他病毒性疾病的疫苗联合。如犬四联疫苗、犬五联疫苗、犬六联疫苗和犬八联疫苗均包含犬副流感病毒疫苗。日常生活中，大多数狗主人知道狂犬病免疫，但很少知道犬副流感病毒的免疫预防。

预防犬副流感病毒感染时，注意 1 岁以内幼犬需每年免疫接种 2 次。1 岁以后每年加强免疫 1 次。

在加强免疫的同时加强对幼犬的饲养管理，提高狗的免疫功能，可以有效预防犬副流感。多给狗喂食一些增强免疫力的食物，并定期对狗的生活环境进行消毒，也可有效预防此病发生。

10. 犬冠状病毒病

犬冠状病毒病，传染性极高。

犬冠状病毒病是一种常见的传染病，可使狗出现呕吐、腹泻、厌食等胃肠症状。一年四季均可发生，冬季发病多见。犬冠状病毒具有高度传染性，一旦暴发传播，就难以控制。狗狗感染可持续排毒 6 个月以上，通过鼻液、唾液、粪便向外部环境排毒。同时病毒污染饲料、饮水和周围环境后，可以直接或间接地传播给健康狗。

不同年龄、品种、性别的狗均可感染，幼犬最易感，发病率较高，症状较为严重。成年犬感染后发病症状轻微。病毒感染狗后，潜伏期为 1~3 天。犬冠状病毒常与犬轮状病毒、犬细小病毒等混合感染。

犬冠状病毒病临床症状

狗感染发病，症状主要为持续性呕吐、腹泻，粪便呈粥样或水样、暗褐色或黄绿色，有恶臭，有时粪便中带有少量血液。

预防犬冠状病毒病

预防犬冠状病毒病主要采用预防疫苗接种的方式，犬六联疫苗和犬八联疫苗包含犬冠状病毒疫苗，45天以上幼犬免疫1次，隔1个月加强免疫1次，以后成年犬每年免疫接种1次。

平时要加强环境消毒以防病毒传播。犬冠状病毒可被大多数消毒剂灭活，尽量交替使用不同的消毒剂，可以有效提高消毒效果。

11. 犬瘟热

犬瘟热，可接种疫苗预防。

犬瘟热又称"狗瘟"，是一种犬科动物的传染性疾病，是由犬瘟热病毒引起的一种高度接触性传染病，传染性强，死亡率高达80%以上。主要是通过直接接触传染，也可通过空气或食物传染。主要传染源是带犬瘟热病毒的狗的鼻、眼分泌物和尿液。

犬瘟热一年四季均会发生，但以春、冬季节多发，即每年10月至次年4月间发病率高。刚饲养的幼犬如果没有进行完整的免疫，尽可能不外出，如接触流浪狗，极易感染犬瘟热病毒而发病。

犬瘟热临床症状

犬瘟热症状初期，狗的体温高达39.5~41.0℃，食欲不振，精神沉郁，

眼、鼻流出水样分泌物，打喷嚏，常出现腹泻。在之后 2~14 天内再次出现体温升高，咳嗽，有脓性鼻涕、脓性眼屎，这时候已经是犬瘟热中期。同时继发胃肠道疾病，呕吐、腹泻，食欲废绝，精神高度沉郁，嗜睡。犬瘟热发病后期会出现典型的神经症状，口吐白沫，抽搐，此阶段治愈率较低。

预防犬瘟热

犬瘟热可通过疫苗进行很好地预防，定期免疫接种。45 日龄至 2 月龄的狗，可以接种幼犬二联疫苗，间隔 3 周可以接种犬四联疫苗，再间隔 3 周左右可以加强免疫犬四联或犬六联疫苗。1 岁以上的狗，每年 1 次疫苗免疫。

12. 犬细小病毒病

犬细小病毒病，幼犬感染后发病率很高。

犬细小病毒病又称为"犬细小"，是由犬细小病毒感染幼犬引起的一种传染性强、死亡率高的烈性传染病，以剧烈呕吐、出血性肠炎、白细胞显著减少及心肌炎为主要特征。如果出生后幼犬没有进行疫苗免疫或免疫次数不足,没有产生足够的免疫力,幼犬感染犬细小病毒的发病率会很高。

犬细小病毒病临床症状

狗在患犬细小病毒病初期,会出现腹泻、呕吐的症状,伴随轻微的拒食,精神也会逐渐萎靡,四肢无力,反应迟钝,甚至会出现嗜睡的情况。随着病情的发展,狗会出现腹泻不止的情况,甚至便中带血,造成严重脱水,体温会逐渐升高,眼睛、鼻子等处的分泌物也会变多、变黏稠。

当病情得不到有效控制后,狗会出现偶尔的抽搐、休克症状,并随时间推移,逐渐变得频繁。犬细小病毒感染后期,治愈的可能性会逐渐降低,因此一旦发现症状,需要尽早治疗。

预防犬细小病毒病

预防犬细小病毒病,主要做好狗的疫苗接种工作。狗出生后45日龄首次免疫,间隔21天连续免疫3次,以后每隔1年免疫1次。犬细小病毒疫苗首次免疫一般用犬细小病毒、犬瘟热二联疫苗,第二次免疫和第三次免疫使用犬四联疫苗或犬六联疫苗。

一旦发生犬细小病毒病,应将患病犬隔离,用消毒药水对环境、器具进行全面彻底的消毒。

病死犬应进行无害化处理,新购进的犬,特别是刚断奶的幼犬,应在家饲喂,观察10天左右,再进行犬细小病毒疫苗免疫。

加强对狗的护理,特别是冬季一定要注意保温。

13. 犬传染性肝炎

传染性肝炎，对狗狗危害极大。

狗也有肝炎，是由犬腺病毒I型引起的一种急性、高度传染性和败血性的传染病，大多发生在1岁以内的幼犬中，发病率较高，是危害狗狗生命最严重的疾病之一。

犬传染性肝炎主要传染源是患病犬和带病毒犬。通过患病犬的分泌物、排泄物、胎盘和呼吸道传染。康复带毒犬的尿液中会长时间排出病毒，导致传染。

犬传染性肝炎不传染给人，但是能在狗狗间相互传染。

犬传染性肝炎感染无明显季节性，但以冬季多发、高发，1岁内幼犬的发病率和病死率均较高，刚断奶的幼犬最易发病，且死亡率较高，在25%~40%。成年犬很少发病，感染也多为隐性感染，即使发病也多能耐受。

犬传染性肝炎临床症状

犬传染性肝炎临床以肝炎、角膜混浊（即蓝眼病）为特征，主要表现

为发热、黄疸、出血，血液分析提示白细胞减少。

预防犬传染性肝炎

犬传染性肝炎防治重点为对 1 岁内的狗做好免疫预防工作，1 岁后每年加强免疫 1 次。目前进口犬四联疫苗、犬五联疫苗、犬六联疫苗、犬八联疫苗中都包含有预防犬腺病毒 I 型肝炎疫苗。狗狗断奶后，至少要 2 次免疫，1 岁后每年加强免疫 1 次。平时加强饲养管理，严格采取卫生消毒措施。

14. 犬腺病毒病

发现狗狗感染犬腺病毒后，及时隔离治疗。

犬腺病毒病分为腺病毒 I 型和腺病毒 II 型。犬腺病毒 I 型引起犬传染性肝炎，腺病毒 II 型引起犬传染性喉气管炎和肺炎。各个年龄段的狗都有可能被感染，但幼犬最易感，死亡率较高。

犬腺病毒病最重要的传染源是患病犬和康复犬，它们通过尿液、粪便、

呼吸道分泌物和唾液向外界排毒。其他犬类可通过接触患病犬和病毒感染性物质感染，主要感染途径为消化道和呼吸道。

怀孕的狗可以通过胎盘感染胎儿，并导致幼犬死亡，潜伏期约 7 天。大多数幼犬发病是急性的，1~2 天后死亡。

犬腺病毒病临床症状

发病初期，患病犬出现厌食、畏寒、口渴、发热（40~42 ℃）、呕吐、腹泻、浆液性鼻液、出血时间延长、抑郁、躁郁等症状。如病程较长，可能出现黄疸、腹围增大、腹水增多、头面部水肿。有些狗可能有单侧或双侧角膜混浊。犬腺病毒病的特征性变化是胆囊壁肿胀增厚。

预防犬腺病毒病

预防犬腺病毒感染主要是免疫接种，幼犬在 7~8 周龄第一次免疫接种，约 2 周后第二次免疫接种。以后成年犬每年免疫接种 1 次。

如果患病犬出现明显的临床症状，经过治疗，疗效不好，可通过控制细菌继发感染，对症支持治疗。

15. 犬钩端螺旋体病

犬钩端螺旋体病多发于梅雨季节，老鼠是主要传染源。

犬钩端螺旋体病是由致病性的钩端螺旋体引起的人与多种动物共患的自然疫源性急性传染病。钩端螺旋体是一种介于细菌与原虫之间的病原体，在温暖、潮湿的环境中容易生存。此病多发生于热带、亚热带地区。

夏、秋季节是犬钩端螺旋体病的流行季节，我国南方地区到了梅雨季节，发生率会有明显上升。感染宿主十分广泛，除了犬、猪、羊等外，包括人在内的多种哺乳动物都可以感染，其中老鼠由于感染后没有症状，长期带毒，是主要传染源。

犬钩端螺旋体病临床症状

狗感染钩端螺旋体后的发病症状主要是发热、厌食、呕吐、黄疸、急性肾衰竭、血红蛋白尿等，如果狗狗怀孕会出现流产。

感染后的急性发病症状是高热，随后出现精神沉郁、厌食、呕吐、口腔黏膜出血、血便、少尿等症状，病程多在 3~7 天，最终死于肾衰竭。

慢性感染初期表现为发热，2~7 天后可能出现口腔溃疡、皮肤坏死或严重的黄疸等症状。人可能通过黏膜接触患病犬排出的尿液而感染犬钩端螺旋体病，主要表现为发热、头痛、肌肉痛等类似感冒的症状，严重的也可致死。

预防犬钩端螺旋体病

狗接种钩端螺旋体疫苗，可以预防犬钩端螺旋体病。预防犬钩端螺旋体病，除每年做好疫苗免疫外，还要为狗提供卫生的饲养环境，养成良好的卫生饲养习惯。由于老鼠能携带细菌，所以灭鼠十分重要。

遛狗时要尽可能避开卫生环境不明的草丛、水洼等处。避免接触流浪狗和可疑动物的尿液。

不同汪星人健康简析

1. 金毛犬——大暖男

人类用尽词汇描述真心，金毛只会眨巴黑漆漆的眼睛。

金毛犬到了老年，患白内障的病例较多。髋关节发育不良也是金毛犬常见的疾病，而且品种越纯正，患病的概率就越高。

金毛犬也容易患心脏病，伴有遗传性甲状腺功能下降、甲状腺激素分泌不足。

金毛犬的毛发浓密，很厚，如果平时没有给金毛犬好好清洁，容易患上皮肤病。建议在平时的饲养中加以预防。

2. 哈士奇——拆迁队长

没有拆不掉的家，只有不努力的狗狗。

纯种哈士奇最常见的遗传病主要有两种，一种是髋关节发育不良；另一种是眼部疾病。

哈士奇眼部的遗传疾病是最为严重的，常见的眼疾主要有遗传性白内障、角膜营养不良和渐进性视网膜萎缩。其中以遗传性白内障最常见。

哈士奇容易患先天性髋关节发育不良，患病后的症状是跑跳能力变差，走路时会扭屁股，时而出现跛行。

3.德国牧羊犬——忠诚护卫

德牧的爱从不计较条件。

德国牧羊犬的先天性健康问题，常见的有消化系统疾病、神经疾病和骨骼疾病等。德国牧羊犬髋关节发育不良的发病率尤其高，据一些数据显示，德国牧羊犬患上髋关节发育不良的概率在30%左右。

德国牧羊犬的胃肠功能是真的很差，抵抗力也差，所以它不能吃太油腻的食物，否则很容易刺激到胃肠，导致呕吐或者腹泻。

4.萨摩耶犬——微笑天使

萨摩耶犬的微笑能治愈每一天。

萨摩耶犬容易患的3种疾病：腹泻、胃扭转、白内障。

萨摩耶犬一般比较贪凉，比如喜欢趴在比较凉的地上，会导致腹泻。尤其是在幼年的时候，一定要注意保暖，不要让它趴在阴冷、潮湿的水泥地上。

萨摩耶犬容易患上胃扭转，就是胃打结。很多大型犬、深胸廓的犬都容易患上这种疾病。一旦发病，就会快速引起一连串的生理变化，如重复干呕、流口水、精神抑郁不安。严重的会出现低血压性休克，死亡率相当高。为了预防这种疾病，平时应该注意避免让狗狗饭后剧烈运动。

萨摩耶犬容易患白内障，为了预防白内障，在遛狗时避开光线较强的时间段。

5. 泰迪犬——贵妇犬

我问泰迪：如何才能像你一样开心？泰迪说：忘忘忘。

泰迪犬的肠道也是很脆弱的，建议多注意饮食，不要给泰迪犬喂食不易消化的食物。

不少泰迪犬天生容易发生泪管堵塞，很容易形成泪痕。

虽然泰迪犬掉毛很少，但它也很容易出现皮肤病。

泰迪犬的骨骼是很脆弱的，而且非常容易骨折，不小心跳了一下，前肢可能就骨折了，在日常生活中，一定要注意。

泰迪犬特别容易患先天性髌骨脱位，这种疾病是小型犬的常见病。

6. 比熊犬——棉花糖

我想你是世界上最可爱的小狗。

比熊犬容易发生髌骨脱位，这是小型犬特别容易得的一种疾病。它们腿部纤细，骨骼脆弱，容易骨折，需要小心照顾。如果发现比熊犬走路姿势不正常，或者脚不敢着地，就需要特别注意，看看是不是出现了骨骼方面的问题。

需要严格控制比熊犬的饮食，高盐和高油的东西都不可以喂食，防止泪痕加重。日常注意耳道护理，防止感染。

7. 秋田犬——日系风

我的小狗，总是我伸伸手，它就跑来了。

秋田犬容易患髋关节发育不良，若狗狗后腿突然瘸了，突然无力，很有可能是患了这种病。

饲养秋田犬时需要注意它对洋葱极为敏感，会导致红细胞受损而引发贫血。

秋田犬的胃肠功能很差，稍微吃多就会腹泻。秋田犬比较喜欢自由，也比较自我，不太喜欢被人控制，所以很散漫，注意力也不集中。

秋田犬的体毛比较长，因此容易掉毛。它的好奇心非常重，喜欢捣乱，占有欲也很强。

8. 阿拉斯加犬——阿拉撕家

阿拉斯加犬：阿拉从不撕家。

阿拉斯加犬的心脏问题多为各种形式的先天性疾病，明显的症状为缺乏活力和呼吸短促。

阿拉斯加犬的肾病可以在任何年龄段出现，且都是致命的。

阿拉斯加犬容易发生髋关节脱臼，即髋关节的关节头从关节窝中滑出，症状从开始的跛行至最后的患肢无法正常行动。阿拉斯加犬2岁后可通过骨科检查，以确定是否有此遗传病。

9. 约克夏犬——颜值公主

约克夏犬答应你，一年四季的风景都会陪你一起。

约克夏犬爱叫，听到一点声音就叫不停，性格比较固执，听到远方的声音也会叫不停，易吵醒邻居。它需要每天梳毛，定期修剪毛发。现在很多主人会直接把约克夏犬的毛发剪短，方便日常护理。

约克夏犬易有双排牙，也就是乳齿还没脱落，新牙齿又长出来，这种情况只能请兽医帮忙拔除了。

先天性膝关节脱位是小型犬常见的关节疾病。发病时，狗狗会出现跳着走路的情况，能够通过手术矫正。

10. 雪纳瑞犬——小老头

雪纳瑞犬说，最喜欢和你一起在太阳下散步了。

雪纳瑞犬外表可爱，不易生病，对主人很亲近，所以很多人都喜欢饲养。

雪纳瑞犬容易患肛门腺炎，是由于肛门腺口阻塞，分泌物无法排出而造成的肿胀。

雪纳瑞犬皮肤敏感，很容易因为洗毛产品清洁不到位而发生过敏，引起皮肤炎症。如果得了皮肤病，狗狗身上会出现红色的小疹子或者小包，平时洗澡一定要用宠物专用的沐浴露，并及时吹干。

雪纳瑞犬天生耳毛浓密，易滋生细菌而导致炎症。

雪纳瑞犬的结石一般由缺水所致。日常生活中一定要保证狗狗有充足的水分摄入。雪纳瑞犬因为胡须长而不爱喝水，主人可以把小零食放进水盆里诱导它喝水。

雪纳瑞犬容易有牙石、蛀牙。如果平时没有给狗狗刷牙或者长期给予不正确的饮食，就会形成牙病。

雪纳瑞犬的呕吐一般是因为吃太多或者食物不干净引起的，多数狗狗能自行恢复。但如果呕吐伴随腹泻，有可能是病毒感染，这时应该禁食，并及时就医。

11. 柯基犬——干饭基

小狗永远不是贬义词，小狗的爱永远真诚和热烈。

由于遗传基因变异，柯基犬容易发生进行性视网膜萎缩。

柯基犬的腿短身子长，它们的脊椎比较容易受伤，很容易患腰椎疾病，上下楼梯这样的运动非常不适合柯基犬。

柯基犬比较容易肥胖，要特别注意，狗狗肥胖容易引起很多疾病，不利于它们的健康。

柯基犬的胃肠功能不太好，容易患胃肠疾病，出现腹泻、呕吐等情况，所以平时注意保持饮食健康，不要乱喂食。

人兽共患病——保护主人健康

1.怀孕了，狗狗怎么办

小狗能感知到主人怀孕了哦!

怀孕期间，孕妇的心情容易起伏不定，这时如果有狗狗陪伴，不适就会减轻很多。养狗可以帮助孕妇减轻压力，调整心态，增添更多生活乐趣。怀孕期间养狗，如何保证狗狗、孕妇和胎儿三方的健康呢?

（1）狗狗需要定期免疫和驱虫，每年必须接种狂犬病疫苗，防止狗咬伤人。定期给狗狗服用驱虫药，杀灭狗体内的蛔虫、钩虫、绦虫等寄生虫，还要使用外驱虫药物，杀灭蚊虫、跳蚤、蜱虫等。

（2）注意清洁卫生，定期给狗洗澡、清理耳道，防止细菌增生。狗每天散步后，要清洁消毒其毛发和脚部；及时处理粪便，处理时需要戴上

防护手套。孕妇要避免直接接触狗的排泄物，也要保持好个人卫生，比如接触狗后勤洗手。

（3）保持狗狗健康喂养。不要让狗在外面捕食，避免接触室外老鼠、鸟类或者被污染的食物，避免带病菌回家，感染孕妇。不要给狗喂生食，给它盛食物的碗要每天清洗，保证狗良好的饮食习惯。

（4）避免孕妇被狗抓伤、咬伤。狗吃东西的时候不要去打扰它，要小心对待发情期的狗。天气炎热时，狗也比较容易发脾气，孕妇在接触狗时一定要做好防护措施。

（5）家里的狗要做好相关检查，尤其是弓形虫的检查，如果检查结果呈阳性，建议和狗狗暂时分开生活。

2. 狗狗和孩子一起成长是可行的

小狗和孩子一起成长，是一件美好的事情。

在选择狗品种的时候，家长可选择性格稳定的狗。好动、兴奋的狗，其攻击性可能比一般的狗要强，容易伤到孩子，不适合陪伴孩子成长。

孩子与狗狗第一次见面时一定要有家长看护，可通过与狗一起游戏，互相了解和接受对方。当有一天他们彼此不再陌生时，狗狗将会成为孩子生活中一个特殊的好朋友。

养成孩子和狗狗之间的好习惯

有些孩子会不小心弄痛狗狗，有时会抓打狗狗，家长要及时关注并阻止这样的行为，以防止狗狗抵抗后抓伤孩子。孩子与狗狗相处最关键的是家长要做好看护工作。

狗的嗅觉非常灵敏，能轻易闻到味道浓重的食物。家长喂孩子吃东西时，可让狗隔离，若家长当着狗的面喂孩子吃东西，而狗自己没得吃，可能会引起狗狗抢食的问题，孩子有可能会被攻击。

培养孩子养成吃东西前洗手的习惯，与狗接触后要洗手，给狗清理粪便时做好防护，完成后也要及时洗手消毒。

孩子与狗接触时不能过度亲近，防止疾病传染。教育孩子不要与陌生狗接触，特别是小区外的流浪狗。对于自己家里的狗，也不要拉扯它的尾巴，不要随意将手指伸进狗笼中。

狗狗定期健康检查

由于狗狗身上的寄生虫或毛发都有可能导致孩子过敏，而且身上有很多细菌的话容易传染给孩子，所以要定期将狗送去宠物医院做健康检查，做好日常护理。只有健康的狗，才是最好的伴侣。狗的毛发、小窝、小爪子要经常清洁，以免感染细菌或寄生虫，传染给孩子。

保持狗狗健康，也要记得接种疫苗，防止狂犬病之类的病毒感染到孩子。定期做好驱虫工作，防止体内、外寄生虫感染孩子。

3.老年人养狗不仅仅是陪伴

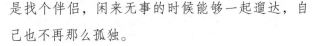

狗狗可治愈世间一切不幸。

养狗是老年人减轻压力、排解孤独的好方法。老年人养狗的主要原因是找个伴侣，闲来无事的时候能够一起遛达，自己也不再那么孤独。

科学研究表示，拥有狗狗的老年人生活会更愉快，寿命也会延长许多，突发疾病时生存的可能性也更大。老年人挑选好合适的狗之后，一定要制订好合理的饲养及教育计划。

老年人选择狗狗的时候要注意以下3点。

（1）性格　要选择性格温和、爱亲近人的狗，比如蝴蝶犬、约克夏犬、巴哥犬、吉娃娃等。

（2）体形　狗狗体形不宜过大，一般来说中大型的狗都有着较高的运动需求，而且力气相对来说也比较大，老年人很难控制它们。体形小的狗容易控制，不会出现"犬遛主人"这类情况。

（3）狗毛长度　在选择犬种时，老年人应注意狗毛的长度。短毛狗容易清洁和梳理，而长毛狗则需要洗澡和仔细梳理。

在外出遛狗的时间里，老年人一定得特别小心，别让牵引绳缠住自己的腿和脚，以防被绊倒。最好选择安静的场所，因为狗在喧闹的环境中容易烦躁和受惊，出现过度兴奋甚至狂奔的行为，老年人可能就会被狗牵着鼻子走。另外，老年人不要随意触摸陌生狗，容易发生意外。

老年人由于子女长期不在身边，容易把狗当做一种精神上的寄托，即使狗在生活中犯了什么错误，他们也会特别包容，不会想着纠正狗的错误，结果使狗变得自大，做起事来可能肆无忌惮，甚至会出现咬人的情况。所以，老年人养狗一定要注意养成正确的观念，不要溺爱狗狗。

4. 狂犬病——提早预防

接种狂犬症疫苗，对狗狗和主人都好。

狂犬病是由狂犬病毒引起的人和动物共患的接触性传染病。所有温血动物，包括鸟类都能感染狂犬病毒，狗是最易感染的动物，其次是猫。大部分患病犬被带病毒野生食肉动物及吸血蝙蝠咬伤后感染；感染狂犬病毒的狗，再去接触感染其他动物或人。野生动物可长期带毒，是自然界中传播狂犬病毒的储存宿主，病毒主要侵犯中枢神经系统，典型症状为恐水症，又称"恐水病"。

狗的狂犬病来源主要是接触了携带狂犬病毒的动物。狗或猫等动物感染狂犬病毒后，会出现狂躁、具有攻击性、咬人、流涎等特征。因此如果发现狗或猫出现狂躁，并且可以看到明显的流涎现象，同时伴随明显的攻击性，考虑可能感染了狂犬病毒。

人感染狂犬病

人感染狂犬病大多由于被狂犬病毒犬猫咬伤、挠抓、舔舐皮肤或黏膜破损处所致。感染狂犬病，发病潜伏期一般在2周左右，多则数个月至数年，临床上出现头痛、乏力、食欲不振或恶心呕吐，咬伤处有痒感。瞳孔散大，多泪、流涎，过度兴奋等症状。对水特别敏感，见水或听到水声极度恐惧，引起咽部、食管肌肉收缩，以致吞咽困难，有时全身痉挛，角弓反张。人发病后，无有效的治疗措施，死亡率接近100%。

人被咬伤后处理方法

人被可疑动物咬伤后，局部伤口原则上不缝合、不包扎、不涂软膏、不用粉剂，以利于伤口排毒。若伤口流血，只要不是流血太多，就不要着急止血，应挤压伤口，以利于排毒。用肥皂水反复冲洗伤口，冲洗伤口时应避免水流垂直于创面，应当让水流方向与创面成一定角度，冲洗时间持续15分钟。经过上述伤口处理后，应在24小时内到犬伤门诊接受狂犬病疫苗注射。

5.布鲁菌病——不可小觑

人感染易误诊，症状和感冒类似。

布鲁菌病简称"布病"，又称地中海弛张热、马耳他热，波浪热或波状热，是由布鲁菌引起的人兽共患性全身传染病。以羊、牛、猪顺序多发，其他动物也有感染，但以患病羊对人的威胁最大。

狗或猫接触发病动物及带菌动物后发病，可以传染给人。狗狗感染后，自身生殖系统会受到损害，母狗感染可导致子宫炎、流产、死胎及产乳量减少等，公狗感染常导致睾丸炎、附睾丸炎和关节炎等。

人感染布鲁菌病

人感染布鲁菌病是因为接触了患病动物，主要是带菌动物的生殖器官分泌物或带有病菌的动物产品。人感染后的症状和感冒类似，常被误诊，从而转成慢性感染，治愈率很低，会造成劳动能力丧失。人被感染后常呈弛张型低热、乏力、盗汗、食欲不振、贫血，有些病例还会出现肺部、胃肠道、皮下组织、睾丸、附睾、卵巢、胆囊、肾及脑部感染。可伴有肝脾淋巴结肿大，多发性、游走性全身肌肉和大关节痛，以后表现为骨骼受累，其中以脊柱受累最常见，尤其是腰椎。

预防布鲁菌病

对于流产狗和猫要及时诊断，并检测流产胎儿、胎衣、羊水等物质，对疑似患病狗和猫应立即隔离，防止病菌传染给人和其他动物。人感染后主要通过药物治疗，布鲁菌的感染是寄生在细胞内，治疗起来比较困难，所以治疗疗程要足够。

对患病宠物必须进行隔离或无害化处理。对狗和猫进行定期检疫，禁食患病动物的肉制品及乳制品。与患病动物或带菌动物密切接触者，要做好个人防护，如戴口罩、眼罩、手套，穿防护衣。与家养狗相比，流浪狗有更高的可能性感染，收容或家庭寄养时有较高的风险，接触人员要加强防护，预防感染。

6.弓形虫病——对孕妇很不好

几乎所有哺乳动物都可感染。

弓形虫病是由刚地弓形虫引起的全球流行的人兽共患性传染病。几乎所有哺乳动物和一些禽类均可作为弓形虫的中间宿主，猫是弓形虫传播的终末宿主，关系最密切。近年来，我国饲养狗和猫的人群日益增多，弓形虫的传播更为广泛，加上流浪猫数量增多，对弓形虫的防控应引起重视。

散养狗主要通过感染猫的粪便以及捕食老鼠和鸟被弓形虫感染。宠物狗感染主要经消化系统食用含弓形虫卵囊、包囊、滋养体的肉类感染，也可通过狗狗皮肤表面破损处、眼部及胎盘等组织部位接触弓形虫而感染。急性感染时多发热，体温在40℃以上，表现为精神萎靡、嗜睡、呼吸困难、厌食，或出现呕吐和腹泻；慢性感染时表现为消瘦、贫血、食欲不振，有时出现神经症状。

人感染弓形虫

弓形虫病主要经口感染人，食入被猫粪卵囊污染的食物和水，与带虫的狗和猫共同生活，食入未煮熟的含有弓形虫的肉、蛋或未消毒的奶等均可被感染。如果人怀孕，可造成孕妇早产、流产、胎儿发育畸形等。

预防弓形虫病

如果发现宠物狗感染弓形虫，应及时隔离和治疗。人感染后要及时进行检测并治疗。预防弓形虫感染，目前无有效的疫苗，只能对感染风险较高的狗和猫进行药物预防，同时加强对猫粪的消毒处理，接触人员反复洗手消毒，以防残留感染性卵囊，不慎食入后引起感染。弓形虫主要通过消化道和皮肤伤口传播，因此在与狗狗玩耍时，要注意自身安全防护，减少自身被抓伤、咬伤的可能性。另外，饲养狗要定期进行弓形虫检测，一旦发现阳性，要及时治疗。

7. 结核病——很伤肺

结核病，狗、猫和人都可能得。

结核病是由结核分枝杆菌引起的人兽共患性慢性传染病。结核分枝杆菌感染后，狗狗逐渐消瘦，组织器官中产生干酪样变性结节，称为结核。

狗狗感染可能因舔舐患者（开放性结核病患者）分泌物污染的物品，或吸入含结核分枝杆菌的空气而患病。由于结核病是慢性病，在相当一段时间内不表现症状，之后出现食欲不振、容易疲劳、虚弱、进行性消瘦、精神不振等症状。结核病表现为咳嗽（干咳），后期转为湿咳，并有黏液脓性痰。

人感染结核病

人感染结核病主要是接触了感染结核分枝杆菌的动物和人。因结核侵入的部位不同而临床症状表现不一，潜伏期为4~8周。其中80%发生在肺部，其他部位（颈淋巴、脑膜、腹膜、肠、皮肤、骨骼）也可继发感染。

除少数发病急骤外，临床上多呈慢性发病过程。

预防结核病

对狗狗定期检疫，发现患病犬猫及时隔离处理。严禁结核病患者饲养犬猫。按要求进行严格的消毒，对于犬舍、狗狗的用具和经常活动的地方要进行严格的消毒。医护人员应该注意个人防护。对于与患病犬猫接触人员，建议及早进行检查和治疗。

8.钩端螺旋体病——乙类传染病

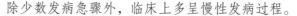

喝干净的水，对狗狗和人同样重要。

钩端螺旋体病是一种人兽共患的自然疫源性传染病。钩端螺旋体有不同血清型，动物宿主众多，地理分布广泛，菌型复杂，临床表现多样，对人和动物的危害性都较大。我国将钩端螺旋体病列为乙类传染病。据世界卫生组织（WHO）统计，钩端螺旋体感染病例每年超过100万例，是全球主要的人兽共患病之一。

钩端螺旋体病最常见于公狗，可能与公狗喜欢嗅闻被尿液污染的物品有关。钩端螺旋体病的流行特点具有明显的季节性和地区性，在温暖、潮湿的季节多发。感染钩端螺旋体后，大部分狗狗表现亚临床症状或慢性临床症状，少数呈亚急性。表现为不同程度的肾炎，长时间发展为肾萎缩。

人感染钩端螺旋体病

钩端螺旋体病主要通过污水传播，带菌的动物尤其是野鼠或被感染的宠物通过排尿将大量钩端螺旋体排出体外，污染水源和土壤；人接触被污染的水源和土壤后，病原体会通过破损的皮肤进入人体而引起感染。感染后表现为发热、恶寒、全身酸痛、头痛、结膜充血、腓肠肌疼痛等，引起相关脏器和组织的炎性损害和病变，特别是对孕妇会造成生殖障碍，如流产、早产等。

预防钩端螺旋体病

发现患病犬及时隔离治疗，并对排泄物如尿、痰等进行消毒。本病以预防为主，包括3个方面：消除带菌、排菌的各种动物；消毒和清理被污染的饮水、场地、用具，防止疾病传播；定期带狗进行疫苗接种。建议幼犬至少于8周龄前进行初次免疫，间隔2~4周进行第二次免疫，以后每年加强免疫1次。

定期对狗进行检查，发现患病犬及可疑感染犬应及时隔离。鼠类是本病的储存宿主，是钩端螺旋体的主要传染源之一，防止接触鼠类也是主要的预防措施。

9.包虫病——寄生不同器官

建议所有肉类高温加热后食用。

包虫病是由棘球绦虫幼虫寄生引起的人兽共患性传染病。包虫病终末宿主为犬科动物，中间宿主为人、牛、羊、猪等动物，是目前危害较为严重的人兽共患性寄生虫病。

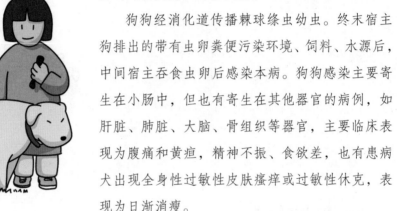

狗狗经消化道传播棘球绦虫幼虫。终末宿主狗排出的带有虫卵粪便污染环境、饲料、水源后，中间宿主吞食虫卵后感染本病。狗狗感染主要寄生在小肠中，但也有寄生在其他器官的病例，如肝脏、肺脏、大脑、骨组织等器官，主要临床表现为腹痛和黄疸，精神不振、食欲差，也有患病犬出现全身性过敏性皮肤瘙痒或过敏性休克，表现为日渐消瘦。

人感染包虫病

人感染包虫病主要由人与流行区的狗密切接触而引发，虫卵经过污染的手经口而造成感染。狗狗粪便中的虫卵污染蔬菜、水源等，如被健康人食入之后，可以导致感染。在干旱、多风的地区，虫卵随风飘扬被吸入，也可能造成人体感染。早期感染包虫病患者没有明显症状和体征，随着时间推移，包虫囊肿逐渐增大，开始挤压周围组织器官而出现症状。肝包虫常引起肝区隐痛、坠胀不适、上腹饱满、食欲不佳等。

预防包虫病

预防包虫病主要对狗采取定期药物驱虫，及时清理粪便，禁止狗狗随意排便等措施。包虫病狗狗的粪便也应进行无害化处理，可杀灭其中的虫卵。禁止狗食用生肉，肉类食品应高温加热，杀灭组织中的棘球绦虫后方可作为食物饲喂。

10.隐球菌病——侵犯中枢神经系统

隐球菌病——全身性真菌感染病。

隐球菌病是由隐球菌感染引起的一种常见真菌病。最常见的传染源就是感染的鸟类排泄物，尤其是鸽子粪便。隐球菌感染后首先会影响狗的上呼吸道及附近部位，使这些部位产生症状，然后在短时间内可能会累及神经系统和皮肤系统，从而产生病变。

犬猫主要经呼吸道、皮肤伤口和黏膜感染隐球菌而发病，室外散养的猫发病风险高。狗感染隐球菌病一般侵害脑、脑膜和鼻窦，引起运动失调、转圈运动、行为异常、跛行、感觉过敏和鼻漏。

猫感染后，表现为打喷嚏、鼻塞、渐进性呼吸窘迫、鼻腔分泌物增多、下颚淋巴结肿大，有一些猫在鼻腔一侧或两侧有肉样肿块凸出，甚至直接发生面部变形，同时可表现为呼吸喘鸣。

人感染隐球菌病

人也是通过呼吸道、皮肤伤口和黏膜感染隐球菌发病，主要由携带隐球菌的宠物感染或接触后发病。隐球菌病主要侵犯中枢神经系统和肺，也可侵犯皮肤、淋巴结及其他内脏器官。肺部隐球菌感染会累及上呼吸道，表现为支气管炎和支气管肺炎，有咳嗽、咳痰、咯血及胸痛，有时伴有高热及呼吸困难。中枢神经系统隐球菌感染，表现为间歇性头痛，并局限于额部，颅压升高，头痛加剧，伴有呕吐，出现各种神经症状。

预防隐球菌病

发现狗感染发病，及时采用药物治疗，同时应对狗狗加强护理，改善营养，促使其早日痊愈。平时加强饲养管理，做好狗的皮肤清洁，对损伤皮肤要及时消毒，以防感染。此外，还要定期进行消毒。

防止狗狗感染发病，尽量避免在室外散养狗。避免狗接触感染的鸟类排泄物。可通过运动、食物多样化、减少压力及应激反应等方式提高狗抵抗力及免疫力。人接触感染动物时要加强防护，特别是免疫功能低下的人容易感染，避免接触发病动物或感染的鸟类排泄物。

11. 螨虫病——关注皮肤健康

螨虫种类多，驱虫定期做。

螨虫病是由各类螨虫感染皮肤及皮下组织引起的寄生虫性皮肤病，以皮肤瘙痒、炎症、脱毛、渗出为主要临床特征。寄生性螨虫的种类很多，狗以疥螨、蠕形螨为主，猫以耳疥螨为主。疥螨和蠕形螨均可感染人，引起不同程度的皮肤病。

疥螨

疥螨通常寄生于狗狗皮肤内而引起疥螨病，是一种接触性传染性皮肤病，发病季节主要在初春、秋末和冬季。易感群体主要是狗和其他多种动物。传染源是患病犬和被疥螨及其虫卵污染的犬舍、用具，传播途径为直接接触传染。在阴雨季节和饲养管理卫生条件较差时，更容易传播。

犬疥螨病先发生于头部，后扩散至全身，幼犬尤为严重。患部有小红点，皮肤发红，在红色或脓性疱疹上有黄色痂、奇痒、脱毛，然后表皮变厚而出现皱纹。患病犬由于剧痒，经常搔抓、摩擦、啃咬、嗷叫不安，不思饮食，逐渐消瘦、营养不良。

蠕形螨

蠕形螨是一类永久性寄生螨虫病，寄生于犬、猫、牛、羊、兔、鼠等140多种哺乳动物的毛囊、皮脂腺或内脏中，宿主的特异性很强。犬蠕形螨病多发于5~6月龄的幼犬，主要见于耳面部，严重时躯体各部分也会被感染。发病初期在毛囊周围有红润肿起，后变为脓疱。最常见症状是脱毛，皮脂溢出，具有黏性的表皮脱落，并有难闻的奇臭。有时在健康的幼犬身上，可发现蠕形螨，但并不表现出来。患病犬身体消瘦，被毛粗糙无光。

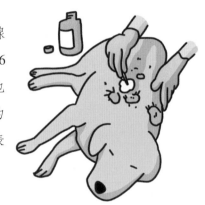

人感染蠕形螨和疥螨

人感染蠕形螨和疥螨后，主要表现为皮肤潮红、充血，散在的针尖样至粟粒大的红色丘疹，小结节、脓疱、结痂、脱屑、肉芽肿、皮脂异常渗出。

预防螨虫病

加强饲养管理和清洁卫生，以及定期驱虫是预防螨虫病的有效方法。

注意驱虫药——伊维菌素具有一定毒性，用量不宜过大，柯利牧羊犬、边境牧羊犬对该药较敏感，应禁用。狗狗生活场所要宽敞、干燥、透光、通风良好，定期清扫、定期消毒。及时发现感染螨虫的狗进行隔离治疗。接触患病犬后勤洗手，勤换衣服，防止螨虫传染。

12 真菌皮肤病——各种癣

真菌喜欢抵抗力差、体质虚的人和动物。

皮肤真菌感染主要以皮肤癣菌、酵母菌为主。真菌病也属于人兽共患病，关系到主人的健康。狗狗感染真菌有明显的季节性，夏季和秋季比较多见。狗狗体质虚弱、抵抗力差、皮肤不洁、维生素缺乏的情况下易发生本病。

狗通过直接接触真菌传播，如与感染的动物或人类接触而传播。处理受污染的土壤也可能传播真菌皮肤病，真菌孢子可能会通过宠物的床上用品、刷子和家具传播，幼犬、免疫系统受到抑制的犬科动物或服用类固醇药物的宠物更容易感染真菌皮肤病，跳蚤叮咬也可能传播真菌。感染后的

典型症状表现为单个或多个皮损，由圆形脱毛区域组成，边缘有红斑、浅表鳞屑和痂，以及毛囊丘疹和脓疱，有时可表现为皮肤瘙痒。狗感染须毛癣菌可导致进行性脱发，伴有剧烈的脱屑和（或）结痂和炎症，在某些情况下会形成瘢痕。

人感染真菌皮肤病

人主要通过直接接触患皮肤真菌病的犬猫而感染，或通过梳毛用具、洗浴用具、环境中的毛发、皮屑等间接传染。孩子由于和家养犬猫有较多的亲密接触，个人防护相对缺失，较容易感染。人浅表部真菌感染后，患处瘙痒，有时皮肤出现透明状水疱，奇痒难忍，有些水疱可聚集在一起，继发感染时易溃烂发红，脱屑皮肤出现鳞屑、角化增厚，出现红色斑块、皮疹。深部真菌感染主要有肺部真菌感染、胃肠道真菌感染，以及脑组织真菌感染，也会引起相关临床症状。

预防真菌皮肤病

狗的真菌皮肤病都是比较顽固的，一旦患上，彻底痊愈的时间较长，高温夏日会给狗带来极大的不适。家庭养狗，早预防就显得非常重要。

预防真菌皮肤病要保证狗狗皮肤被毛的清洁卫生。狗外出后回家，应及时给它做简单的清洁和护理。定时清洁狗的屋舍、玩具等用品，以及家庭环境的整体消毒。真菌皮肤病传播的主要途径是动物间的直接接触或接触污染的物体。狗在外玩耍时，一定要有牵引绳，保证自家的狗狗不与其他小动物直接接触，或者不会接触一些污染物，同时不要接触来历不明的流浪狗和流浪猫。

第四部分

汪星人在农村或城市

农村的"汪汪队"

1.社会狗就是要组帮派

我就是这条街最亮的崽儿～

农村狗喜欢拉帮结派的主要原因有以下几点。

（1）狗天生喜欢结群　因为狗的祖先是狼，而狼是群居动物，所以狗天生喜欢拉帮结派。

（2）农村环境导致　大多数农村人养狗，是为了让狗看家护院。农村狗也知道自己的职责是保护主人和主人的财产，然而它知道自己的力量是薄弱的，当有歹徒进村的话，独自可能不敌对方，所以农村狗拉帮结派，是为了团结起来一起对抗入侵者。

（3）农村狗有地域性　农村狗有很强的地域性，也就是领地意识特别强，一般村里是不允许别的狗进入的。当有外村的狗闯进来，它们就会

组织起来，一起对抗，所以会出现"打群架"的情况。

（4）为了争抢食物　农村养的狗，生活并不是很好，未必吃得饱。狗想要吃饱，需要自己出去找食物，但是食物是有限的。狗为了食物，就会拉帮结派，团结起来保护自己的地盘，才有可能找到食物。当然，这可能是以前农村狗的生活现象，现在新农村和美丽乡村建设起来，农村养狗条件也接近城市了。

2 农村养狗小秘诀

狗狗可不会嫌弃家贫，只会爱你。

随着社会经济的发展和生活水平的不断提高，农村人养狗已成为日常生活现象，在农村家里养狗，首先要定期给狗接种狂犬病疫苗，对狗和农村人的安全有保障。各地政府制定法律要求农村犬必须办理狂犬病免疫证明，以及养犬人必须到公安管理部门办理养犬登记证，才能合法养犬。

农村狗体内外寄生虫普遍，为了保障人的健康，一定要加强定期驱虫。农村狗的食物有的可能是剩饭剩菜，注意不能喂骨头或鱼刺，避免狗出现胃肠损伤。另外，注意食物卫生，要煮熟了再喂。随着农村经济条件的改善，建议狗狗吃狗粮。

农村狗建议拴养，拴牢固的链条，不仅能让狗不到处乱跑，还可在家里来人时，防止狗跑出去咬伤人。

注意给狗狗做个遮挡风雨的窝，窝里

放上褥子，让狗狗冬季不太冷，夏季下雨不会被淋到。

3. 农村养狗提高健康意识

小狗的爱永远忠诚，前提是你是个称职的主人。

近年来，农村养狗户逐年增多，家狗的饲养数量大幅度上升。究其原因，主要是现在农村的青壮年劳动力大都去外地打工，剩下的妇女、老人和儿童觉得居家不安全，便养狗来看家护院。这些狗大都未接种过疫苗，其中不乏病狗，一旦伤人，后果相当严重。

由于村民不习惯圈养、拴养或笼养，众多家狗结队在村内外随意狂吠乱蹿，随地大小便，既污染环境，又影响村民休息。

由于村民的狂犬病免疫意识较差，家狗患狂犬病的风险不断增大。一些流浪狗在得不到及时处置时四处行走，咬伤行人和学生的现象时有发生。

因此，农村养狗，应切实加强养犬法律法规宣传，让科学养狗、卫生防疫等知识科普到农村每一户。另外，要采取有效措施规范村民的养狗行为。同时，尽可能要求村民拴养、圈养狗。对于农村的无主流浪狗，加强

捕捉、收容、集中饲养管理，以最大限度地减少疯狗伤人的事件，保障农民的生命安全。

4. 你跑狗追，插翅难飞

不要追我了，我只想安安静静做个单身狗。

都说狗特别亲人，其实有的狗也不亲人，它们见到人就会追过去，甚至狂吠咬人。

遇到被狗追的情况，首先就是不要奔跑。狗不可能无缘无故地追你，很有可能是你身边有它的好伙伴，它想要和它的伙伴亲热，才会通过奔跑和叫唤来表达内心的激动。如果你自己突然跑起来的话，狗可能会认为你是做贼心虚，反而激起了它的愤怒。

可以采取以下几种方法。

（1）大声呼叫狗的主人，简称"大声告状"   看着有点怂，但方法可行。狗狗会凶路人，但也特别听主人的话。所以被狗追的时候，可以拼命大声呼叫狗的主人。只要狗的主人听到你的呼叫，一定会立刻跑出来制止狗的追跑行为。

（2）原地保持不动　大多数狗的体内都流淌着猎犬的血，如果你选择逃跑，它会把你当成猎物，开始追你。这个追赶游戏一般人可玩不起啊！你跑得越快，它追得也就越快，追上你的时候，甚至会咬你一口。所以被狗追，千万不要跑，站在原地保持不动，有的狗看到你不动了，慢慢地，也就对你失去兴趣，便不会再追你了。

（3）装作要打它的样子　狗的胆子都是很小的，有的狗会追你，是因为它认为你好欺负。如果你装出一副要打它的样子，它反而会后退，不会再追你了。注意这个方法仅限于心理强大的人。

（4）蹲下身子，假装找东西　这个办法也是有点儿用的，大多数狗见到人蹲下来，就会掉头逃走。因为它们以为人蹲下来是在摸石头，会给自己带来伤害。为了不让自己的身体受伤，狗会选择逃走。这个方法要根据实际情况，对于不同品种的狗狗，应对方法不一样。对于有些伤人的烈性犬则不能采用这种方法。

（5）绕道走　见到狗，没必要一定要从狗的身边走过，完全可以绕道走。在这种情况下，狗是绝对不可能再来追你的。

5. 避免狗狗咬人方法

不咬人的小狗怎么吸都不够啊。

作为狗的主人，要对自己狗狗的行为负责，必须负责训练狗并始终控制它，做一个文明养犬的宠物主人。主人是防止狗咬伤人事件发生的第一责任人，永远不要坚信自己家狗不会咬人。

日常生活中为了避免狗咬人，可以采取以下方法。

（1）平时让狗接受基本的服从性训练，让狗在平静、积极的状态下与不同类型的人见面和互动，包括孩子、残疾人和老年人。

（2）定期让狗接触各种事物、环境，例如其他狗、嘈杂的噪声、大型机器、自行车或任何可能引发恐惧的事物。在幼犬时期就开始着手这项训练，效果会更好。

（3）接触狗时，注意狗的肢体语言，预知可能出现的攻击性表现。如果无法控制狗的过激行为，必须在事情失控之前将它移走。不要通过身体、暴力或攻击性的惩罚来管教狗。

（4）对容易激动而咬人的狗，要拴住或放在围栏区域内。在允许的区域放开之前，请记得一定要让狗始终保持在视线范围内。怀疑或感觉狗有恐惧或攻击性倾向时，请务必警告他人远离狗狗。

（5）在户外碰到陌生的狗，不要去招惹它们。你认为自己是很友好地想去抚摸、接触陌生狗，但狗却有可能误解为攻击行为。在路上遇到没有系牵引绳的狗，要避免与它对视。因为人与狗对视时，狗可能会觉得有危险，并主动发起攻击。

（6）尽量避免带狗去人多的地方，狗受到惊吓，或受到人的刺激时，容易做出过激的行为。路人看到受惊吓的狗也要尽量远离，不要靠得太近。

孩子要特别注意与狗的互动，防止逗狗玩时没把握好轻重，打狗、踢狗，以致狗狗一急，便反咬人一口。

（7）不要与狗过分亲密，要保持一定距离，同时定期带狗接种狂犬病疫苗。

6. 不要老喂人的食物

主人的食物，看起来更香。

关于狗是否可以吃人的食物，有的人认为狗粮好，方便快捷；也有人认为狗粮只是方便主人，狗吃起来又干又硬，没滋没味，应该自己给狗做营养餐。有人说喂剩饭剩菜，狗一样长得膘肥体壮；也有人说狗长期吃剩饭剩菜，含盐量超标，对毛发、肝脏都不好。

狗可不可以吃人吃的食物？从提供食物的角度来说是可以的。无论是自制的营养狗饭，或者剩饭剩菜，对狗来说，都是可以吃的，但前提是只能偶尔吃几次。如果要长期给狗吃人的食物，从科学饲养狗的角度看并不建议，吃商品化的狗粮，对狗狗健康更有益。

狗粮里的原料，都是有科学配比的，含有狗日常所需的各种营养成分，可以满足狗的身体需求。长期饲喂狗粮，对狗狗生长发育、抵抗力增强都有很大帮助。

自制的狗饭在主人看来有菜有肉、营养均衡，但是达不到狗的营养需求，长期吃会导致其身体缺乏某些营养素，甚至引起健康问题。狗长期吃剩饭剩菜，更是不行的。剩饭剩菜里面的盐分太重，狗吃了会出现泪痕，毛发暗淡无光，时间长了，还会引起肝脏、肾脏的问题。

7. 狗狗打架受伤怎么办

别拽我，今天这场架必须赢！

狗狗打架，如果有外伤，可进行如下处理。

（1）清洁伤口　为防止狗舔舐、抓挠伤口，不配合伤口的处理，要给狗戴上伊丽莎白圈，对伤口周围多余的毛发进行适当修剪；然后用生理盐水进行清洗，把伤口处的异物、血污等清洗干净，随后用棉签蘸取碘伏或者过氧化氢，对其进行简单消毒。

（2）包扎处理　伤口处理消毒好，还需等待半分钟，待消毒液干后再撒上消炎药物。根据需要进行包扎处理，如果伤口大，建议去宠物医院找兽医进行清创和缝合。如果皮下组织感染，可能还要放置引流管来引流。

（3）护理要求　狗养伤期间，适当减少活动，避免剧烈的活动对伤口造成二次伤害。护理期间不要给狗洗澡、玩水，以免弄湿伤口，造成感染、发炎。适当喂食一些清淡、有营养的食物，如排骨汤、鸡肉、水果泥之类，也可以直接喂食一些营养膏等，这样可以提高狗狗身体的恢复能力，加快伤口的愈合速度。

（4）用药防治　用抗生素预防伤口感染、发炎。狗骨折后一段时间应当补充钙和多种维生素，促进骨骼愈合。如果没有接种狂犬病疫苗，要及时进行免疫接种。

8 狗狗丢了怎么办

丢的不仅是狗狗，还是无数难过生活中仅存的安慰和开心啊！

狗狗不小心走丢很常见，如果找不到，很可能成为流浪狗。如何在最短时间内找到狗呢？

（1）借助网络　现在网络的力量是非常强大的，如果手机上保存着狗的近照，可以制作一个"寻狗启事"，在同城的狗友群、小区业主群进行传播，人多力量大。

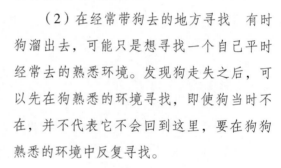

（2）在经常带狗去的地方寻找　有时狗溜出去，可能只是想寻找一个自己平时经常去的熟悉环境。发现狗走失之后，可以先在狗熟悉的环境寻找，即使狗当时不在，并不代表它不会回到这里，要在狗狗熟悉的环境中反复寻找。

（3）大声喊狗的名字　狗对声音是极为敏感的，它能听到很远的来自主人的叫声。当发现狗走丢之后，可以大声地喊叫狗的名字，声音越大越好。要在多个地方喊狗的名字，边换地方边喊叫。

（4）张贴寻狗启事　首先要努力寻找，如果一时找不到，可以在走丢的地方贴"寻狗启事"。并去宠物店或者找附近爱狗人士、狗收容场所问问，了解近期有无相似的狗送来或收养。

（5）通过狂犬病免疫点　如果狗身上有芯片，可以联系狂犬病免疫点，看是否有狗前来验证芯片号，通过号码就能找到狗主人。

9. 被狗咬了怎么办

小狗的牙可不是用来咬人的。

被狗咬了要及时处理。

（1）伤口处理 如果人被咬伤，建议立即对伤口进行清洗消毒。可用肥皂水持续冲洗伤口，让伤口得到暴露和充分冲洗；在冲洗的过程中要挤压伤口周围，把伤口里的唾液、污血挤压出来，再用清水持续冲洗。

冲洗较深的伤口时，要对伤口深部进行全面彻底的灌注和清洗，再用 75% 酒精消毒，继而用碘酊涂擦。局部伤口处理越早越好，如果被咬的伤口已结痂，也应将结痂去掉后按上法处理。伤口不宜包扎、缝合，开放性伤口应尽可能暴露。

（2）接种狂犬病疫苗 特别要注意的是，接种狂犬病疫苗一定要在被动物咬伤后 24 小时内到定点的医院进行，才能有较好的预防效果，超过 24 小时接种疫苗，预防效果并不理想。

医生会根据咬伤部位、严重程度决定是否需要同时使用抗狂犬病血清。夏季高温，人的情绪容易烦躁不安，狗狗更是如此。所以在夏季人被狗咬伤的案例比较多。寒暑假期间孩子被狗咬伤的比例也会升高。学校和家长要教育孩子，不要试图跟不熟悉的狗、猫打招呼或玩耍。

（3）处理狗狗 如果是被流浪狗咬伤，特别是一犬咬伤多人，应通知相关部门抓捕收容，以保障人的安全。如果是家养狗，应确认有无接种狂犬病疫苗，如果没有要及时接种。

10. 鸡飞狗跳有方法

那不仅仅是一只鸡，更是本汪战斗力的象征。

对于城市狗来说，日常生活中见到其他生物的概率较低，回到农村后，由于从未见过鸡，因此，对鸡有一种好奇心和捕猎心理，从而出现追赶、咬鸡的行为。所以狗主人要记着狗回农村后，出门要牵绳。

主人发现狗有咬鸡的现象时，应该及时制止并教育狗，并尽量避免让狗接触鸡。如果狗处于饥饿状态，鸡就会成为它的猎物。

狗追鸡也可能是狗狗比较爱玩，回到农村释放天性，对所有事物都比较感兴趣。可以用一些别的东西，例如狗喜欢的玩具球、小娃娃等，陪它玩，释放精力，转移注意力，这样它就不会再咬鸡了。

11. 预防狗狗被偷有妙招

有些人永远不明白，狗狗对于一家人的意义。

养了多年的狗狗，被可恨的偷狗贩偷走，很让人恼火，也让人特别伤心。如何避免这一情况的发生？

（1）拴养狗　对于农村来说，大多数狗都是散养的，比如放在院子中散养，很容易被盗。有些农村是放在外面养的，有时候狗出去在村中逛了一天，才会回到家中。这样的话，狗被偷盗的风险是较高的，这也是导致农村狗被偷盗较多的原因之一。所以在农村养狗，要注意尽量不要散养。

（2）安装监控　从心理角度，让偷狗贩有所顾忌。偷狗贩看到监控之后，会望而生畏。特别注意的是，装了监控，还要注明出来，标在醒目的位置，这样偷狗贩也怕惹上麻烦，就不会选择偷盗了。也可以在狗丢失的第一时间查看监控，便于寻找。

（3）给狗系上牵引绳　想要预防狗被偷，带狗出门时要给狗系上牵引绳，避免狗走丢；另外，小偷想要偷狗，看到这类情况也不敢贸然出手。

（4）给狗植入电子标识　有条件的地方可以给狗注射电子标识，即芯片，不管狗走到哪里，都可以通过芯片读出狗的有效信息；有了芯片，收留狗的人想要联系主人也是特别简单的。

（5）训练狗不随便吃东西　训练狗拒绝陌生人喂食，防止狗被投毒而中招被盗。养狗的家庭要注意，如果在家附近莫名其妙地出现食物，也要及时清理。

12 狗狗被下药了怎么办

狗狗的一生只有主人了。

狗被下药后的中毒症状有多种，会出现严重的流涎、尿频、瞳孔散大、心跳过快、呕吐、腹泻、极度兴奋、肌肉震颤，直到最后昏迷。

狗狗药物中毒后，建议主人立马用肥皂水给它催吐，让它把有毒物质吐出来。如果催吐已经晚了，或催吐失败，建议在狗中毒后 2~4 小时给它彻底洗胃。

催吐成功后，有些药物仍有部分残留在胃内，所以仍需要洗胃、灌肠，建议选用 0.1% 高锰酸钾，或者普通温水，每次液体量为 20~40 mL/kg，为了加速肠道内容物的排泄，减少狗对毒物的吸收，可采用无机盐类泻药，按比例给狗进行灌胃或灌肠。

建议主人及时带狗去宠物医院进行抢救，如果知道是什么毒药，最好和医生说一下，以便医生进行特效解毒；宠物医院也可以采取对症和对因治疗，实施输液、利尿排毒、吸氧等抢救措施。

13. 农村狗狗尸体安心处理

有小狗在的话，生活就是热乎乎的。

农村自家的狗死亡之后，最佳的方式还是先将其火化。但由于农村条件有限，在没有火化机构的情况下，为了防止狗的尸体散播细菌、病毒，对环境造成污染，要选择偏远地区没人居住的地方，远离水井、小溪、河流，掩埋深度要距离地面至少 1 米。坑底撒上石灰粉，将狗的尸体放进去之后，再撒一层石灰粉填土掩埋，之后在土壤表层撒上石灰粉，这样狗的尸体腐烂后可以给周围的树木提供营养。

很多狗狗在得知自己将死或者生病的时候，会离家出走，找个没有人的地方，自己孤独地离开这个世界。主人在狗狗身体状况不好的时候要时刻注意狗狗动向，发现狗狗走了，要及时找回。很多狗狗的疾病其实是可以治好的，有的甚至只需要几片药，不要让陪伴自己多年的狗狗孤独离开。

城市的"遛汪队"

1.合法养狗，幸福长久

以后，我们也是有证件的合法狗狗啦!

狗能够与人类进行亲密沟通和情感交流，给人们生活带来快乐。在现代都市生活中，饲养一只活泼可爱的小狗，不仅能为人们的日常生活增添乐趣，也能使人们忙碌的心灵得到慰藉。

一些不文明的养狗行为，妨碍了其他市民，破坏了市容环境。一些违法养狗的行为，不仅侵害了他人的权益，还给社会公共卫生安全带来了危害。因此，全国各地都相继立法，要求养犬人合法养犬。

合法养犬，首先需要通过养犬许可或者进行养犬登记，即取得所谓的"狗证"，按照所在地相关法律法规的要求，依法文明养犬。以上海市为例，上海市于 2011 年出台了《上海市养犬管理条例》，规定犬只出生满三个月的，首先要对饲养的犬只实施狂犬病强制免疫，养犬人将饲养的犬只送至兽医主管部门指定地点接受狂犬病免疫接种，植入电子标识，取得犬只狂犬病免疫证明，然后凭此证明到辖区公安部门办理养犬登记证。具备了这两项证明，犬只才能在上海市合法饲养。

同时，养犬人饲养犬只还应当遵守有关法律、法规和规章，尊重社会公德，遵守公共秩序，不得干扰他人正常生活，不得破坏环境卫生和公共设施，不得虐待饲养的犬只；携带犬只出门的，应当按照规定佩戴犬牌并采取系犬绳等措施，防止犬只伤人、疫病传播。

2 可以饲养烈性犬吗

我的力量，你承受得住吗？

国内各地都有相关规定，禁养烈性犬。如违反规定，个人饲养烈性犬只的，由公安部门收容犬只。上海市禁止个人饲养的烈性犬只有：藏獒、獒犬、罗威纳犬、那布勒斯獒犬/意大利獒犬、法国波尔多獒犬、斗牛獒犬、西班牙獒犬、高加索牧羊犬、比利牛斯獒犬、巴西菲勒犬、阿根廷杜高犬、丹麦布罗荷马獒犬、法国狼犬、昆明狼犬、德国牧羊犬、英国斗牛犬、古老英国斗牛犬、美国斗牛犬、土佐犬、牛头梗、杜宾犬。

禁止个人饲养烈性犬只的原因，是烈性犬往往脾气暴躁，智商不高，更具攻击性，在城市里饲养危险很大。一般情况下，单位出于内部治安和保卫等工作需要，可以饲养烈性犬只，但不推荐。另外，根据国内各地管理规定的不同，在特定区域内，无论是个人还是单位，都不能饲养烈性犬只。

单位饲养的烈性犬只一般应饲养在单位内，无特殊原因不得离开饲养场所，由于免疫、诊疗等原因需要离开饲养场所的，应将其装入犬笼，确保做好安全防范措施。

3. 饲养大型犬要注意什么

我想要的安全感，只有大狗狗才能给。

个人饲养大型犬，首先要考虑的是它所需要的空间。大型犬需要足够的活动和玩耍空间。如果是和别人合租一所房子或者和家人住在一起，一定要征求他们的意见，在每个人都同意之后才能决定饲养大型犬，否则可能会带来很多麻烦。

其次，个人饲养大型犬，要考虑是否有足够的自主经济能力。大型犬身体强壮，与小型犬相比需要吃更多的食物，在食物上花费的钱更多。除了食物，如果生病了去宠物医院看病或者做护理，大型犬所需的费用也比小型犬多得多。如果经济条件不太好，不建议个人饲养大型犬。

最后，很多人都怕大狗，有的狗狗真的很大，站起来比孩子都高，很容易吓到孩子。为了狗狗和人类自身安全，携带大型犬出门，务必依法做好安全措施。根据各市养犬管理条例，养犬人携带大型犬出门，除了要为

犬只束牵引带（即拴狗绳，牵引带长度不得超过 2 米，在拥挤场合自觉收紧牵引带），还要戴嘴套。

4. 养犬登记证很重要

今天和主人领证啦！

养犬登记证即所谓的"狗证"，是犬只的身份证，由公安犬类管理部门签发，表明犬只为合法饲养的犬只。根据各市养犬管理条例，实行养犬登记制度和年检制度。饲养犬龄满 3 个月的犬只，养犬人应当办理养犬登记。未经登记，不得饲养犬龄满 3 个月的犬只。

养犬登记办理的一般程序为：需要申领养犬登记证的个人或者单位，应当向属地派出所提交养犬登记申请审批表。目前，上海可通过网上平台申请养犬登记证，有麦道微信公众号、上海一网通办网站、随申办市民云 APP。个人饲养犬只，办证时

应当提供下列材料：个人身份证明（境外人员须提供护照等相关身份证明）；房产证明或者房屋租赁证明；犬只狂犬病免疫证明。

申请养犬登记时，应提前准备以下事项：先要确定犬只是否为禁养犬，各市养犬管理条例规定个人禁止饲养烈性犬只；带犬只到兽医主管部门指定的动物狂犬病免疫点注射狂犬病疫苗、植入电子标识并办理狂犬病免疫证明，在普通宠物医院或个人自行注射的疫苗是无法办理养犬登记的。上海市城市化地区规定一房一犬，一个房产证只能给一只狗狗办理养犬登记证。

5. 狂犬病免疫证明如何办理

小狗也怕打疫苗，太痛了。

狂犬病免疫证明是狗狗接种过狂犬病疫苗的证明。根据各市养犬管理条例，依法对饲养的犬只实施狂犬病强制免疫。犬只出生满3个月的，养犬人应当将饲养的犬只送至兽医主管部门指定地点接受狂犬病免疫接种，植入电子标识，并取得狂犬病免疫证明。上海的狂犬病免疫点信息可通过"上海市农业农村委员会"网站进行查询。

给狗办理狂犬病免疫证明时，要注意以下事项：首次免疫狗的年龄一定要满3个月，以后每年需要加强免疫1次；在接种完疫苗和植入电子标识后1周内，不要给狗洗澡，注意避免感冒；植入电子标识后1周内不能佩戴链条、颈圈等，可以提前为狗准备一条合适的胸背带；建议新饲养的狗，应先观察2周，确保其精神、饮食正常后再进行免疫办证；对于处在发情期、妊娠期、哺乳期的狗以及体质差、服药期间的狗，应提前咨询兽医，确保免疫安全、有效。

6. 领养狗狗注意事项

领养如果能代替买狗，世间会少很多流浪狗。

现在越来越多的爱心人选择去领养宠物，而不是去购买。领养事先需要做哪些准备呢？

（1）对狗有爱心和耐心　领养的狗大多数已经成年，甚至老年，已经养成固定的生活习惯，要想改变会很困难，主人需要仔细观察和了解它的习惯，互相适应，不能太强求。另外，被领养的狗很多都受过心灵创伤，并不会一开始就很温顺地依赖主人，需要主人付出满满的爱心和恒定的耐心，才会打开心扉。如果它认定主人，对主人来说，它就是你的一段人生，而你也会成为它的余生。

（2）及时带狗体检　有些狗会在流浪的过程传染到疾病，例如犬瘟热、犬细小病毒感染等，要早发现、早治疗。还有一些潜在的疾病，甚至是人兽共患病，例如弓形虫病、螨虫、跳蚤、真菌皮肤病，需要带狗到宠物医院做一些检查和针对性治疗。如果家里原本就有宠物，这些检查和治疗也是为原有的宠物建立安全的防火墙。

（3）合法养犬　在合适的时间带狗去接种疫苗，帮狗办理免疫证明和养犬登记证。每个人都要争做合法公民，狗也要拥有合法的身份，这样才能安全地享受"狗生"。

7. 养宠数量有规定

养了第一只，就想养第二只，第三只……

国内许多地区，如北京、成都、广州、上海等，都出台了相关规定，对饲养犬只的数量进行限制。以上海市为例，上海城市化地区人口比较密

集，犬只对公民的身体健康、人身安全及环境卫生、公共安全等影响较大，因此，《上海市养犬管理条例》规定，个人在城市化地区内饲养犬只的，每户限养一条。考虑到城郊情况的不同，限养范围为城市化地区，即《上海市城乡规划条例》确定的中心城区、新城和新市镇。其中的"户"，以"房"为单位认定，即"一套房限养一条犬"。

8. 养狗第一法则：不扰民

狗狗交响乐，只限屋内收听。

养宠不扰民，核心是养宠人的自律。许多地方都制订了养犬行为规范，对犬只伤人、犬吠扰民、犬排泄物污染环境、弃犬管理、染疫犬只处置等比较集中的问题作出明确规定。养犬不扰民，具体要做到以下方面：

（1）养犬人携带犬只外出应当遵守下列规定：为犬只挂犬牌；为犬只束牵引带，牵引带长度不得超过2米，在拥挤场合自觉收紧牵引带；为大型犬只戴嘴套；乘坐电梯或者上下楼梯的，避开高峰时间并主动避让他人；单位饲养的烈性犬只因免疫、诊疗等原因需要离开饲养场所的，将其装入犬笼；即时清除犬只排泄的粪便。

（2）禁止携带犬只进入办公楼、学校、医院、体育场馆、博物馆、图书馆、文化娱乐场所、候车（机、船）室、餐饮场所、商场、宾馆等场所或者乘坐公共汽车、电车、轨道交通等公共交通工具。

（3）犬吠影响他人正常生活的，养犬人应当采取措施予以制止。

（4）养犬人不得驱使或者放任犬只恐吓、伤害他人。

（5）养犬人不得遗弃饲养的犬只。

（6）养犬人发现饲养的犬只感染或者疑似感染狂犬病的，应当立即采取隔离等控制措施，并向兽医主管部门、动物卫生监督机构或者动物疫病预防控制机构报告，由动物疫病预防控制机构依照国家有关规定处理。

（7）犬只在饲养过程中死亡的，养犬人应当按照动物防疫相关规定，将犬只尸体送至指定的无害化处理场所。养犬人、动物诊疗机构不得自行掩埋或者乱扔犬只尸体。

（8）养犬人应当遵守所在地居民委员会、村民委员会、业主委员会有关养犬管理事项制订的公约。

9. 狗狗的社交圈子

狗狗社交是一门艺术。

养成良好的社交习惯，就是要让狗能够友好地与其他狗、陌生人、猫咪等相处。

（1）多带狗出门　狗对于陌生的事物总是保持警惕，所以在幼犬时期，就应该多带狗去各种各样的地方，见各种各样的场景，这样狗就会对外面的世界习以为常。

（2）不要过度干涉狗的社交　不要对狗过度保护，出门遛狗时，尽量当一个旁观者，不要过度地干涉狗的社交。当发现狗对其他狗表现出兴趣，主动去闻的时候，及时发出口头鼓励或零食奖励。狗能感觉到主人的情绪，如果主人很紧张地牵紧绳子，狗也会跟着紧张。

（3）不要过度打骂狗　动不动就打骂狗，狗狗会有恐惧的表现，不愿意和外界交流、对食物失去兴趣，长此以往，会影响狗的寿命。教导狗狗要有耐心，狗并非一天可以长大，需要时间和过程。建议刚开始训练狗的新手宠主，选择一些零食去吸引狗的注意，以达到较好的训练效果。

狗的社会化训练可选择狗公园，如何找到合适的狗公园？

选择狗公园应该具备以下4个条件：有围栏封闭式；面积不大；有一定数量的狗；最好是专门对外的狗公园。

封闭式环境可以防止狗离开安全区。面积不大，有利于狗主人在突发情况时更有效且迅速地干预。只有一定数量的狗，才能有更好的互动和情绪交互，以达到对狗狗社交能力的训练。同时狗主人要上心，发生突发情况时及时进行有效的干预。

10. 狗狗保险，值得拥有

保险，保的不只是风险，更是心安。

随着狗狗数量的增多，宠物经济快速发展，带动了宠物保险行业需求的上涨。狗狗与人一样，也会有罹患疾病及遭遇意外的风险，狗的医疗救治的费用是一笔不小的开销。保险可以为狗主人分担一部分经济压力。据调查，中国宠物保险市场规模逐年上涨，从 2016 年的 1.1 亿元上涨至 2021 年的 33.7 亿元，预计 2023 年，中国宠物医疗保险市场规模还将大幅上涨。

国内提供宠物保险服务的企业主要有：中国人民保险、太平洋保险、大地保险、阳光保险、平安财险等。宠物犬保险种类有：宠物第三者责任险、宠物医疗保险等各类险种。

目前市面上的宠物医疗险年保费为 400~1300 元，保额 1 万 ~10 万元，赔付比例大多在 40%~80%。有调查资料显示，约 50% 的宠物主人认为有

必要为宠物购买保险；有 36% 的宠物主人有意愿购买宠物保险，但是认为当前保费太高；有 16% 的宠物主人认为没有必要购买宠物保险。

11. 狗狗的电子标识

跟随狗狗一生的身份证。

宠物电子标识，是一种埋置在宠物皮下用来标识宠物及宠物属性的具有存储和个体辨别能力的射频标识，也称电子芯片，是宠物的电子身份证。

宠物电子标识适合宠物犬、宠物猫或其他畜牧业动物作识别使用，采用符合生化医用的材料和工艺生产，约为米粒大小，具有无源、无毒无害、抗游离、抗重力等特点。宠物电子标识的环境适应性好，不易被损坏，对宠物不会产生不良反应。

宠物电子标识可以记录宠物的名字、性别、品种及毛发颜色等信息，且一般都是通过专用注射器植入颈部皮下；宠物电子标识的记录为一串国际唯一的数字编码，只有经过授权的人员，才能够通过专业设备来读取该编码，并连接相关部门的后台系统以获取宠物的信息。因此，宠物电子标识拥有很高的安全性，不会泄露主人的隐私信息。

12. 狗狗不能乘坐公共交通

导盲犬可以乘坐公共交通的哦！

狗狗是否可以乘坐公共交通，要视不同情况而定。以上海市为例，根据《上海市养犬管理条例》，禁止携带犬只乘坐公共汽车、电车、轨道交通等公共交通工具；不听劝阻的，由公安部门责令改正，可以处二十元以上二百元以下罚款。携带犬只乘坐出租车的，应当征得出租车驾驶员的同意。

公共汽车属于公众场合，空间比较小，人员密度比较大。如果乘客携带狗上车，会给他人带来不适，严重的甚至会导致一些乘客过敏。此外，有些狗比较活泼，可能会给他人人身安全造成威胁。盲人携带导盲犬的，可以不受相关规定的限制，但应遵守交通工具运营方的管理。

乘坐飞机时，狗需要放进笼子里，和随身行李一起被安置在行李舱。狗主人应该在登机前为狗办理检疫证明。

狗乘坐火车一般也是要办理托运的，而且要放进笼子里，并办理检疫证明。乘坐火车，旅途一般较长，环境也比不上飞机，狗主人需要考虑狗的身体承受力。

13. 狗狗跨省市要办理什么手续

狗狗也想出省探亲，去田野抓鸡摸鱼。

根据《中华人民共和国动物防疫法》《动物检疫管理办法》和各地方动物防疫条例等相关法律法规规定，需携带宠物跨省市的，不论是采取自驾还是公共交通托运等方式，均需在出发地相关动物检疫部门申报检疫，并取得动物检疫合格证明后，方可实施调运。

以上海市为例，如果想带狗狗一起离沪，就需要申请办理动物检疫合格证明，中心城区由各区市场监督管理局办理，涉农区由各区农业农村委员会执法大队办理。

申请时，需要提供包括免疫证明在内的相关资料，具体可向办理机构咨询。其中，免疫证明应由政府指定或认定的动物免疫点或动物诊疗机构出具，并且在免疫接种后超过21天到1年方可办理。

出具的动物检疫合格证明，宠物犬为一宠一证。动物检疫合格证明有效期不超过5天，从出证当天算起。狗狗主人应留意相关证明的有效期，规划好出行时间。

14. 狗狗出境要注意什么

世界那么大，我家主人想带我去看看。

如果狗主人要去境外留学、工作或出国定居，需要携带心爱的狗一起出境，要注意些什么呢？

（1）提前准备　宠物携带人应当在出境前1~2周准备好以下相关材料：宠物携带人身份证明、宠物需植入电子芯片、狂犬病疫苗免疫证明、狂犬病疫苗免疫抗体检测报告、输入国家（地区）要求提供的相关证明资料。因不同国家（地区）对于入境宠物的检疫要求不同或会有变更，为避免因资料手续不全而导致宠物不能正常入境的情况，建议出境前携带宠物向输入国家（地区）咨询，以确认具体检疫要求。

（2）现场检疫　携带人或代理人应当在出境前7天内前往所在地海关申请现场检疫出具《动物卫生证书》。

（3）其他注意事项　大部分国家（地区）要求植入电子芯片。宠物植入的芯片须符合国际标准。如芯片不符合上述标准，携带人应自备可读取所植入芯片的读写器。携带宠物出境，应当事先了解清楚目的地国家（地区）的检疫要求，合理安排宠物出境时间，配合海关现场检疫查验，以便顺利出境。

15. 狗狗离世，记得注销户口

死亡不是生命的终点，忘记才是。

如果狗狗离世了，除了要料理好它的后事，还要记得去做一件事——注销犬只户口。

依照各市养犬管理条例，饲养的犬只死亡或者失踪的，应当自犬只死

亡或者失踪之日起 15 日内办理户口注销手续（养犬人持养犬登记证到原办证机构办理注销手续）。

如果没有注销犬只户口，想重新饲养一只狗狗的时候，可能会遇到无法办理免疫证明和养犬登记的情况，因为名下已经饲养一只狗狗，可能会受到限养政策的影响。所以还是需要先注销之前犬只的户口，才能为新的狗狗办理相关手续。

如果狗失踪了，但没有办理户口注销手续，狗在外面发生了伤人事件，或许会带来法律责任，给主人带来麻烦。注销犬只户口是一个很重要的法律程序，要做到有始有终。

16. 城市狗狗尸体无害化处理

狗狗体面地离去，也是一种尊重。

狗狗离世后的处理是主人不得不面对的事情。很多年前，环卫工人总会在垃圾桶里发现宠物的尸体，这种情况现在已经很少见到。

现在有些主人会选择将离世的狗狗土葬，土葬承载了传统入土为安的观念，也延续了狗狗与主人之间的羁绊，留下曾经存在的证明。但也有弊端，因为城市建设的规划及道路改造在不断进行，我们并不能确认很多建筑或土地的维持年限，或许今天的树林草地，数年后就变成高楼大厦，所以土葬并不是一个可以让主人真正安心的选择。

另外，有一部分狗狗是因为传染病去世的，没有经过专业防疫处理的土葬可能会导致传染病传播流行，危害到其他动物的安全。所以土葬已经越来越不提倡，狗狗尸体无害化处理逐渐成为主流。

狗狗尸体无害化处理应选择法定的宠物火化机构。以上海市为例，上海市动物无害化处理中心是上海市目前唯一一家专业处理各类动物及动物产品的公益性事业单位，为市民提供宠物火化服务。

17. 如何面对狗狗的离世

它其实没有走，只是以另外一种方式陪伴在你身边。

狗狗对于大多数家庭来说，都是一种情感寄托。因为有了狗的陪伴，枯燥的生活有了点缀。然而，狗的生命只有短短十几年，当它逝去后，主人又应该如何面对？

（1）摆正心态　在将狗带到家的第一天，就需要建立这样的认知，狗的寿命只有十几年，即使感情再深，它终归有一天也会先行而去。不要悲伤到无法自拔，应该以一种正确的心态去接受狗的离去。

（2）认真告别　逝者如斯夫，要正视离别，认真和每一次离别告别。以简单环保的方式，为狗狗留下几个简单的纪念品，随时抚慰主人受伤的心灵。

（3）理性转移悲伤　吃健康的食物，多运动，做一些自己感兴趣的事情，将注意力和生活重心转移到其他事情上，不给自己钻牛角尖的时间。

或者出去走一走，和亲朋好友倾诉，有助于舒解心情，平复悲伤。

（4）寻求帮助　当狗离世时，主人的体验是一种丧失感，类似于丧亲之痛。如果持续出现睡眠欠佳、情绪低落、食欲下降及躯体不适感，严重影响日常生活和家庭相处，可以考虑寻求医生的帮助。

萌宠团队之异宠
健康攻略

主编 赵洪进 龚国华

上海科技教育出版社

目 录

"鹦鹉博士" 饲养与健康

1. 宠物鹦鹉种类

宠物鹦鹉的品种很多，常见的有虎皮鹦鹉、亚历山大鹦鹉、小太阳鹦鹉、玄凤鹦鹉、吸蜜鹦鹉、牡丹鹦鹉、葵花凤头鹦鹉等，但其中大部分鹦鹉属国家保护动物，是不允许私人饲养的。

（1）虎皮鹦鹉　虎皮鹦鹉是日常生活中最常见的一种鹦鹉品种，在鹦鹉中属于小型类。虎皮鹦鹉以植物种子为主要食物，性情非常活泼，并且驯养起来十分容易。

（2）亚历山大鹦鹉　它的尾巴在亚洲鹦鹉品种中是比较长的，分为几种亚种，并且各种亚种的身长有所不同。该种鹦鹉在亚洲有广泛的分布范围，适应能力强，有着较强的学习能力。它的性格温和，脾气小，经过驯养后，还可学会各种技能，是一种比较受欢迎的品种。

（3）小太阳鹦鹉　小太阳鹦鹉很会与人互动，从小就很黏人。在主人的耐心训练下，它可以学习很多技能，比如持币、飞手、装死等。因此，小太阳鹦鹉受到很多人的喜爱。

（4）玄凤鹦鹉　玄凤鹦鹉又叫做鸡尾鹦鹉，在我国主要分布于沿海地区，是中型类鹦鹉的代表品种。玄凤鹦鹉的繁殖能力非常强，因此其数量非常多。处于幼鸟期的玄凤鹦鹉非常有活力，并且认主人，熟悉之后非常黏主人，玄凤鹦鹉的养殖方法也很简单。

（5）吸蜜鹦鹉　吸蜜鹦鹉多为人工饲养繁

殖，由于人工繁殖的吸蜜鹦鹉乖巧活泼、颜色缤纷、互动性好、亲人黏人、模仿能力强、羽粉少，又爱洗澡，深受人们喜爱。

（6）牡丹鹦鹉 牡丹鹦鹉因其痴情而得名，又被称为爱情鸟。同伴间都很亲密，一般住在一起。牡丹鹦鹉和其他鹦鹉一样，如果能得到足够的关心和重视，也十分亲人。它是最小的鹦鹉种类。牡丹鹦鹉多数为绿色羽毛，人工繁殖后出现多种颜色。

（7）葵花凤头鹦鹉 葵花凤头鹦鹉主要为白色羽毛，头顶有黄色冠羽，愤怒时头冠呈扇状竖立，就像一朵盛开的葵花。葵花凤头鹦鹉的食物包括种子、壳类、浆果、坚果、水果、嫩芽、花朵和昆虫等。它的语言能力一般。葵花凤头鹦鹉的喙力量强大，故需要饲养在金属笼子中。和其他凤头鹦鹉一样，作为宠物饲养时，需要主人有大量时间陪伴。

总之，鹦鹉非常活泼可爱，外形漂亮，会学人说话，是人们最喜欢饲养的宠物之一，在饲养前要看是否属于国家保护动物，是否可以合法饲养。

目前，国内可以合法饲养的鹦鹉品种有：虎皮鹦鹉、桃脸牡丹鹦鹉、玄凤鹦鹉（鸡尾鹦鹉）3种。其他品种鹦鹉尚属于国家重点保护野生动物，如果要饲养，需要向有关单位申请。

2. 宠物鹦鹉饲养要点

（1）喂鹦鹉食物要注意 一般来说，人吃的瓜子，含有一些添加剂，会严重损伤鹦鹉的肝肾。不能给鹦鹉喂食发霉的食物、鸟粮。如果食物在长时间储存之后变质、发潮，鹦鹉食用后会因黄曲霉素中毒而死亡。

（2）不能打鹦鹉 如果鹦鹉做错了

事，主人打它，鹦鹉的性格就会变得很自闭，教鹦鹉说话反而会比较困难。

（3）不能在鹦鹉的脚上缠绳子　在鹦鹉脚上缠绳子，时间久了就会勒进去，造成很深的伤口，引起伤口处化脓，或局部坏死，严重的可能要做截肢手术。

（4）室内的温度要恒定　室内温度不要太高，也不能太低。如果温度低于零下十几摄氏度，鹦鹉就会被冷死。如果温度高于30℃，也会造成鹦鹉中暑。夏季不要把鹦鹉带到室外，或者挂在阳台上面直晒太阳，那样鹦鹉很容易被晒死。

3. 虎皮鹦鹉饲养特色

（1）笼具要求　虎皮鹦鹉因羽毛鲜艳、娇小好动、繁殖能力强、易于在笼内驯养。虎皮鹦鹉强壮有力，喜欢啃咬木质，故不能用竹笼而要用金属笼饲养。笼的大小一般为长40厘米、宽35厘米、高35厘米，笼底可设抽屉式的沙盘（托粪板），以便清理粪便。笼中要放置食盘、水盘，还需要栖杠、吊环供鹦鹉玩耍。

（2）卫生要求　平时应注意笼内卫生，食盘、水盘应每天刷洗1~2次。每日要清理1次粪便，以保证笼内清洁，避免细菌感染。

（3）注意防晒　夏季不要把笼子放在强光下，以防太阳直晒虎皮鹦鹉。室内温度超过30℃时要加强通风。虎皮鹦鹉虽不太怕冷，但温度过低会影响其繁殖，所以冬季室内温度不要低于0℃。

（4）食物要求　虎皮鹦鹉喜欢吃带壳的饲料，饲料以谷子和稗子为主，同时要喂些麻籽或苏子。为了保证虎皮鹦鹉所需的营养，还需要喂一些蔬菜（青菜、白菜、油菜）和矿物质（骨粉、牡蛎粉）。虎皮鹦鹉可以喂一些粗饲料，不宜过多喂食精饲料，以免造成脂肪堆积。

4. 虎皮鹦鹉常见疾病

虎皮鹦鹉常见的疾病有：呼吸系统疾病、消化系统疾病和寄生虫病等。

（1）呼吸系统疾病　常见的是感冒，其症状是流鼻涕。虎皮鹦鹉感冒后，应立即移至室内饲养，并给以保温，很快它就会自愈。也可在饮水中滴几滴葡萄糖水或维生素制剂，帮助其恢复健康。

（2）消化系统疾病　如果吃了不干净的饲料或饮水不卫生，会引起虎皮鹦鹉腹泻，一般排白色浆状稀便，下腹部羽毛沾污。虎皮鹦鹉患此病后，主食饲料只喂稗子，并转至暖和的地方饲养，要一鸟一笼隔离，防止传染。

（3）寄生虫病　虎皮鹦鹉容易感染羽虱，必须注意防治。虎皮鹦鹉还易受血吸虫的危害，巢箱往往是产生血吸虫的大本营。需要定期投喂抗组织滴虫药和抗球虫药。

"兔小姐"饲养与健康

1. 宠物兔种类

宠物兔品种很多，常见的有法国垂耳兔、英国安哥拉兔、荷兰兔、侏儒兔、喜马拉雅兔、西施兔等。

（1）法国垂耳兔 法国垂耳兔性格很好，毛发长，耳朵耷拉，看起来憨厚可爱的模样。法国垂耳兔是英国垂耳兔与法国巨兔交配所生，体重可达4.5千克以上，属于大型垂耳兔的一种。它的毛发有多种颜色，如黑色、蓝色、巧克力色、浅紫色、白毛蓝眼、白毛红眼、乳白色等。

法国垂耳兔喜欢安静，胆子很小。只要周围发出突然的响声，就可能受到惊吓，而导致食欲减退、精神不振。睡觉时，只要周围有动静，它们就会立即清醒。因此，饲养法国垂耳兔的首要条件是为其准备一个安静、优雅、舒适的生活环境。法国垂耳兔白天喜欢在笼中休息或睡眠，一到夜间就异常活跃，且采食频繁，因此，必须坚持饲喂夜草。它们喜欢干燥，耐寒怕热，在日常饲养管理方面，主人需注意其生活环境的干燥、清洁，做到定期清洁消毒。

（2）英国安哥拉兔 英国安哥拉兔全身被毛均长达10厘米以上，长长的被毛可以将它们的眼睛、鼻子、四肢等部位全部遮掩住。除了面部的一小部分外，全身长满浓密丝绸般的长毛，需要主人经常打理。英国安哥拉兔眼睛圆而大，体态圆碌碌的，性格温顺可爱。体形大是英国安哥拉兔的特点，成年雄兔体重2.3~3.2千克，雌兔体重可达2.2~2.4千克，躯体短

小、肩部及胸腔厚实，耳尖部位长有毛发，面颊的毛也很长。英国安哥拉兔有吃毛发的习惯，所以需适量喂食化毛膏。

（3）荷兰兔　荷兰兔原产地为荷兰。它们体形娇小，耳朵比较短，属于娇小可爱型萌宠。它们的鼻子四周、脖子及前脚部位呈白色，其他部位为黑色、蓝色、巧克力色、灰色、黄色及铜铁色等。它们性情温顺，小巧可爱，又胆小警觉。在饲养过程中，可将其安置于安静、舒适的环境中，给予它们更多的安全感。荷兰兔怕水，所以一般不要给它们洗澡。荷兰兔寿命一般为8~10年。

（4）侏儒兔　侏儒兔主要是荷兰侏儒兔，是宠物兔中体形娇小的品种。侏儒兔的外形特点为"头大身子小"，体形矮胖，可爱的小脑袋像一个圆润的小苹果，面圆鼻扁，耳朵相对短小，一般体重在1.2千克以下，拥有黑色、白色、巧克力色、蓝色等纯色的毛发，全身为短毛。侏儒兔喜欢甜食，食量较小，早晚各喂食1次即可。侏儒兔精力旺盛，如主人有时间，可多陪伴它们玩耍。

（5）喜马拉雅兔　喜马拉雅兔是现存最古老的兔子品种之一，性格沉静且极富耐心，为最受欢迎的宠物兔之一。喜马拉雅兔体形较长，头部窄长，眼睛多为红色，鼻子上有一深色标记。它们的身体末端如尾巴、耳朵及脚部会有深色斑纹呈现，身体其余部位毛色为白色。

（6）西施兔　西施兔是我国繁育出的宠物兔品种，外观娇小可爱，被毛较长，全身毛发飘逸，眼睛为黑色。有一些西施兔的耳朵是直立的，有一些是垂下来的。西施兔的体重一般为2.0~2.2千克，脸型较为扁平，嘴型也较平。西施兔不仅不会乱叫，还爱干净，很适合在室内饲养。西施兔食物选择比较单一，比较容易饲养，喜欢吃植物性饲料，日常饲养方法是干草加洁净的水。刚断奶的幼兔必须养在温暖、清洁、干燥的环境中，以笼养为佳。西施兔属长毛种，故应多注意日常毛发的清洁工作。

2.宠物兔饲养要点

（1）宠物兔食物　兔子的食物主要是干兔粮和干牧草，干兔粮营养较均衡，而牧草可以补充大量的粗纤维和微量元素。除此之外，日常还可以补充一些蔬菜、水果和零食。喂食兔粮时，一般会按照兔子的实际年龄来选择幼兔粮或者成兔粮，同时要根据其身体情况补充辅食。1~5岁宠物兔为成年期，这个阶段可以喂食成兔粮，再加牧草。4岁以后，需要注意饲料中钙的含量，钙含量过高，很容易引起结石。5岁以上属于老年期，这个阶段继续喂食成兔粮，需要保证足量的饮水。

（2）笼具的选择　兔子生长很快，一开始就要选择能够容纳成年兔子大小的笼子，可以直接选择塑料底板、四周有加高隔板的防喷尿笼子，这样能避免尿液喷射到笼子外面。笼子里还需要放置便盆，下面放置木屑压制成的木粒，起到吸水的作用。兔子所用的饲料碗一般选用沉重的陶瓷碗，或者可以用螺丝固定住笼子上的塑料碗。饮水器具使用可固定在笼子上的悬挂式饮水瓶。

（3）笼具放置位置　兔子对温度变化敏感，笼子摆放环境应尽量避免温差过大，以通风良好、昼夜温差较小、没有阳光直射为最佳。尽量不要将笼子放在窗户附近，窗户附近往往温差过大，也不要直接放在空调出

风口下面，造成室内温度过冷或过热。由于兔子不耐湿热，因此浴室、厨房这样的地方也不适宜作为饲养场地。饲养环境要求安静，避开人员出入频繁的门口。

3. 宠物兔护理

（1）兔毛的梳理　宠物兔一般以长毛兔为主，梳理毛发可以增加其美观并维护健康。兔子虽然会自己整理毛发，但是如果不及时梳理，很可能会因为吞入被毛而引发毛球症。特别是春、秋换毛季节，宠物兔会大量脱毛。梳毛每周进行1次即可，可使用宠物犬使用的针梳，一般从背部开始，将针梳放平，顺着毛发生长方向进行梳理。

（2）眼睛的护理　可以先用温热的毛巾擦拭眼角周围的眼屎，擦拭干净以后，用洗净的手指轻轻拨开兔子眼睛，往里滴入适量的消炎滴眼液，建议使用兔子专用滴眼液。如果兔子的分泌物比较多，每天擦完又有大量分泌物产生，可能是兔子的眼睛发生病变，需要找执业兽医进行检查。

（3）耳朵的清理　若不定期进行清洁，兔耳容易产生耳螨，特别是一些垂耳兔由于耳朵的遮蔽更易产生耳螨。清理耳道时，可以使用兔子专用

的洁耳液，将洁耳液倒在棉签上，先把兔子耳朵翻开，轻轻擦拭其耳朵内侧污垢，然后在耳道里滴入适量洁耳液，按住耳朵1分钟左右，防止液体流出。

（4）趾甲的修剪　兔子趾甲长了会影响日常活动。一般宠物兔多是笼养，趾甲无法自然磨损，需要人工进行修剪。兔子胆子很小，主人要尽量学着自己给兔子剪趾甲，因为兔子见到陌生人时，可能会高度紧张。在修剪趾甲前，还需要预备止血粉，以防不慎剪破血管，及时用止血粉按压止血。修剪后，使用指甲锉刀进行打磨。

（5）帮助磨牙　兔子由于不断长牙，天生喜欢咬东西，它会啃咬家里的物品、电线、各种电器，易引起严重后果。所以平时一定要把兔子关在笼子内，不能让其出来自由活动。同时，给宠物兔准备磨牙石，让其磨牙。

4. 宠物兔常见疾病

（1）兔瘟　兔瘟又称兔病毒性出血症，是由兔瘟病毒感染引起的一种急性传染病，具有危害大、死亡率高、传染途径多样且易感染等特性。3月龄以上的兔子发病率和死亡率最高，兔瘟一年四季均可发生，春季至初夏是该病流行季节。兔瘟目前尚无特效药物治疗，主要通过接种兔瘟疫苗进行预防。一般推荐40~45日龄和60~70日龄的兔子二次接种兔瘟疫苗。

（2）兔巴氏杆菌病　兔巴氏杆菌病是由多杀性巴氏杆菌引起的急性败血性传染病。防治主要采取药物预防和治疗，常用药物主要有青霉素类、广谱抗生素类等。该病也可通过接种兔巴氏杆菌疫苗进行预防，市场上有商品化兔巴氏杆菌灭活菌苗。

（3）兔毛球症　兔子经常因梳理毛发和舔舐自己的身体而吞入兔毛，或者因为维生素和微量元素摄入不足造成异食症而吞食兔毛，从而引起胃肠道毛发积聚。

（4）兔尿石症　如果观察到兔子出现血尿、排尿困难、食欲不振等症状，预示着可能出现尿结石。严重时，还可能观察到兔子因疼痛缩在笼子里不愿多动。尿石症的发生，很有可能是由于饮水不足和钙质摄入过多造成的，这个时候要检查饮水和日粮。

（5）兔耳螨　兔子如果出现经常摇头及甩耳朵、抓耳朵、耳朵周围脱毛、耳朵下垂，分泌物增加、有臭味的症状，很有可能感染了耳螨。耳螨属于寄生虫，有传染性，首先，需要使用洁耳液对兔子的耳朵进行清理，然后，用杀耳螨药物滴入治疗，最后，对其笼子、食具及室内环境进行消毒。

（6）兔皮肤病　如果观察到兔子皮肤呈鲜红色、不正常的大量脱毛或局部区域脱毛、有白色皮屑产生，表明兔子有可能是患了皮肤病。兔子常见皮肤病主要由疥螨、痒螨及真菌引起。兔痒螨主要侵害耳部，起初耳根红肿，随后蔓延至外耳道，并引起外耳道炎，渗出物干燥成黄色痂皮。兔疥螨一般先在头部和掌部无毛或毛较短的部位引起病变，后蔓延到其他部位，引起痒感。治疗螨虫可以局部使用伊维菌素喷剂。

（7）兔球虫病　兔球虫病是宠物兔常见寄生虫病，容易反复感染发病，要加强饲养管理，做好兔笼的消毒清洁，防止饲料和饮水中带有球虫。可以定期给兔子预防性喂食具有杀灭球虫作用的药物，这样可以有效地从源头上防止兔子感染。

（8）兔感冒　兔感冒是兔子常见病，主要由气温突然大幅下降而引起。兔子生活的环境潮湿、不通风，也容易造成兔感冒。应保持室内清洁卫生。气温变化时，要注意关闭门窗保温。若遇有大风降温的天气，要注意保持室内温度均衡，防止室温忽高忽低；同时加强饲养管理，提高兔子的抵抗力。

"蛇美人" 饲养与健康

1. 宠物蛇种类

宠物蛇一般都是经过人工驯养的无毒蛇，性情温和，对人的攻击性很小。蛇可以说是最干净的宠物之一，起居饮食的要求简单，既不会脱毛，也不会吵闹，只要定时喂食和做好保暖工作即可。蛇的寿命较长，最长寿命超过20年。常见的宠物蛇有以下几种。

（1）加州王蛇　加州王蛇可以适应多种栖息环境。它们除了捕食蛇类，亦会捕食鸟类、蜥蜴及老鼠等。其通常会以缠绕的方式使猎物窒息、死亡。加州王蛇的繁殖方式为卵生，每年的3~6月是其交配的时间，雌蛇每次可产4~20枚椭圆形卵。加州王蛇经人工驯化，是无毒蛇，饲养简单，是一种入门级的宠物蛇，分为正常型、白化型、粉红型、黑色型等颜色品种。

（2）翠青蛇　翠青蛇以体色翠绿而得名，为无毒蛇。翠青蛇头呈椭圆形，略尖，头部鳞片大。另外，翠青蛇尾细长，眼大。由于翠青蛇对环境和湿度要求极高，同时食谱范围很狭窄，所以比较难饲养。翠青蛇性格极其温顺，通常不会主动攻击，但会通过用力蠕动和排便进行自身防卫。翠青蛇夜伏昼出，平时行动缓慢，但遇到惊吓时会迅速躲避逃跑。主要捕食蚯蚓及昆虫，在摄食后其活跃程度会大幅降低，需要一个安静的环境。蜕皮期通常为每年的6月左右。

（3）球蟒　球蟒原产于非洲的热带森林。据说这种蛇在古埃及是饲养在皇宫内用来捕捉老鼠的，所以又称国王蟒、宫廷蟒。球蟒脾性温和，花纹美丽，体形适中，是极受欢迎的宠物蛇。球蟒喜欢微弱光线的环境，

在黎明和黄昏时分，它们会变得活跃。当它们感到紧张的时候，会把自己的身体蜷缩成一个很紧的球，并把头稳固地藏在中间。球蟒也是一种温顺的蛇类，主要以小型哺乳类动物为食。球蟒对环境温度要求较高，喜暖怕冷，25~30℃为最佳生长温度。

（4）玉米蛇　玉米蛇是目前饲养最多的三大宠物蛇之一，大部分都有1个以上的隐性基因，这使得它们拥有高度易变的颜色和花纹，这是它们最为吸引人的地方。玉米蛇容易饲养，对饲养的环境要求不太高。玉米蛇以鸟类或小型哺乳动物为食，通常寿命为12~15年，生活环境的温度以21~32℃、湿度以75%~80%为宜。

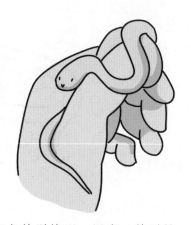

（5）奶蛇　奶蛇是很热门的宠物蛇，颜色特别艳丽、漂亮，特别是红色部分环纹，很亮眼。绝大多数的奶蛇都是由红黄白黑作为基本体色，这4种颜色就能组成非常美丽的外表，特别吸引人。奶蛇无毒，是世界上饲养最多的三大宠物蛇之一。它们属于王蛇科的蛇类，该科有一个共同的特点，就是遇到危险会通过喷酸水来自我防护。但有的神经质个体，会直接开口攻击人，当它们慢慢地熟悉了主人的气味后，就不会再攻击人。

2. 宠物蛇饲养要点

宠物蛇无需每天或者频繁地喂食，它们吃过一顿之后，需要很长一段时间去消化，等到这些食物消化后再进行下一次进食。

饲养宠物蛇，首先，为其制定健康营养的食谱，按照宠物蛇的品种、大小、饮食习惯等准备适口性好、能刺激食欲的食物。其次，每次给宠物蛇喂食的食物不能太大，体积小一点的食物可以增进其捕食的信心，而且

有助于消化。最后，为了让宠物蛇更好地饮食，主人可以把食物和蛇放进一个空间小的盒子里，这样它们很容易发现和捕捉猎物。如果家庭饲养多条宠物蛇，喂食时，主人最好将宠物蛇分开，以免一些体形小而胆小的宠物蛇无法捕捉到食物，或者由于紧张害怕拒绝饮食。

在家饲养宠物蛇时，可喂食青蛙、老鼠、小鸡等作为主食，搭配牛奶、鹌鹑蛋等食物。为了使其能更好地进食，还需喂食小型活体动物，每周喂食 1 次即可。饲养期间，需将笼舍放到干燥、通风的环境下，并安装长明灯代替阳光，促进食物消化。宠物蛇属肉食动物，在饲养时，建议尽量选用来源安全可靠的活体食物，如饲养条件有限，也可以喂食冰冻食材，此类食材需经过解冻，擦干水分后再喂给宠物蛇。宠物蛇食物要满足相关卫生要求，保证新鲜安全。

3. 宠物蛇常见疾病

（1）霉斑病　在梅雨季节里，蛇窝潮湿易引起蛇发病，病蛇腹部鳞片表现为点状黑色斑点。治疗不及时，宠物蛇可因局部溃烂而死亡。治疗可用 2% 碘酊在霉斑部位每天涂擦 2 次，1 周即可痊愈。

（2）口腔炎　由于致病细菌侵袭宠物蛇的颈部，引起口腔炎。病蛇会因不能张口闭合，不能吞吃食物和饮水，最后饿死。可用生理盐水冲洗

病蛇口腔，再用龙胆紫溶液擦洗，直至消炎消肿。

（3）急性肺炎　产卵后的母蛇因身体虚弱，加上气温过高，易得急性肺炎。病蛇会出现呼吸困难、盘游不安，最后因呼吸衰竭而死亡。

（4）厌食　由于不适应新环境、投喂食物方法不当或食物适口性不好等原因，宠物蛇易发生厌食。预防宠物蛇厌食，要求投喂的食物新鲜、多样化。

（5）体内寄生虫　主要有线虫、鞭节舌虫、蛔虫和绦虫等。预防应注意饲料卫生，定期驱除宠物蛇体内寄生虫。

（6）体外寄生虫　主要是蜱虫、螨虫，多在宠物蛇体外寄生，吸附在其身上，有很强的传播性，预防要注意环境卫生，定期用药驱虫。

"龟丞相"饲养与健康

1. 宠物龟种类

（1）草龟　草龟属于龟鳖目的龟科乌龟属，它们主要分布在山涧溪流、湖泊、水库等水位较浅的水域。草龟是两栖动物，可以在水中和陆地上生活，但是它们的水性并不是特别好，若是水位太高，很有可能会溺亡。草龟的龟壳为长椭圆形，甲壳上有明显的 3 条棱线。它们的头部比较小，身体扁平，较为光滑，是一种不容易生病的乌龟，深受人们喜欢。饲养需要注意换水，给草龟补充营养，这样可以让草龟多活很多年。

（2）巴西龟　巴西龟是一种非常特别的龟类，它们最大的特征就是长长的颈部，其颈部长度比其他龟类要长得多，这使它们能够吃到更多的食物，比如较高的植物上的昆虫。此外，巴西龟的壳很特别，呈现不同的色彩和斑纹，十分漂亮。饲养巴西龟需要注意每天早晚清洁水盆，使用温水浸泡，以帮助其保持身体清洁。每 2 周给巴西龟 1 次游泳的机会，可以在室内或室外游泳池中进行。巴西龟是一种很好的宠物，性格很活泼，又很容易驯服，能吃很多东西。巴西龟是一种长寿的动物，寿命可长达 50 年以上。

（3）缅甸陆龟　缅甸陆龟是一种适合在家里饲养的小乌龟，杂食性，不容易生病。只需要喂食一些蔬菜，可偶尔喂食一些动物性食物。这种乌龟唯一的缺点是怕冷，所以家里的温度不能太低。

（4）黄头侧颈龟　黄头侧颈龟是一种宠物龟，生活在水中，也被称

为呆萌龟。它喜欢吃一些素食，每天喂食一些蔬菜即可，比较好养活。

（5）锦龟　锦龟是小型的淡水龟类，背甲十分美丽，会和主人互动。头部呈深橄榄色，侧面有数条淡黄色纵条纹，并延伸至颈部。四肢深绿色，有淡黄色条纹，尾短。锦龟是杂食性动物，在它们的栖息地里，各种动植物，不论死活，都会成为它们的盘中餐，如蜗牛、昆虫、小龙虾、蝌蚪、小鱼、腐肉、水藻和水生植物等。年幼的锦龟可以食肉，但随着年龄的增长，逐渐偏向于吃植物性食物。

（6）地图龟　地图龟有着奇特的外表，其身上长满像地图一样密密麻麻的线条，看起来就像一幅活地图，因而得名。地图龟属于比较容易饲养的品种，但它们对水质比较敏感。饲养时最好配备一套水循环系统，以保持水质的清洁。地图龟适宜的水温为26~28℃，大部分时间喜欢待在水里，需要放置一些供晒背用的石块或者晒台。地图龟属于杂食性动物，幼时偏肉食，喂食的食物可以选择小虾、泥鳅、龟粮等。

（7）金钱龟　金钱龟学名为三线闭壳龟，又称红边龟、金头龟、红肚龟，在分类学上隶属于爬行纲龟鳖目龟科。在我国，主要分布于广东、广西、福建、海南、香港、澳门等地；在国外，主要分布于亚热带国家和地区。金钱龟喜欢选择阴凉的地方栖息，有群居的习性。金钱龟属于杂食性，在自然界中主要捕食水中的螺、鱼、虾、蝌蚪等水生动物，同时食幼鼠、幼蛙、金龟子、蜗牛及蝇蛆，有时也吃南瓜、香蕉及植物嫩茎叶等。

（8）火焰龟　火焰龟是水栖类的乌龟，主要分布在北美地区，它们的腹甲大多数是黄色的，有的会带一点红色。背甲红色和棕色相间，图案和大小都不固定。火焰龟食性较杂，幼年时期喜欢吃一些动物性饲料，随着年龄的增长，食性会逐渐偏向素食。它们的适应能力比较强，即使水温

在 0℃，也不会冻死。火焰龟是十大宠物龟之一，适合养殖在玻璃缸中，具有很高的观赏价值，很多家庭喜欢饲养。

2.宠物龟饲养要点

（1）选择一个合适的乌龟饲养容器　到了冬天，如果乌龟还未冬眠，陶瓷容器温度低，乌龟有可能会冻死。如果是饲养大乌龟，最好用大的水缸。如果是小容器，要经常给乌龟换水，保持水质干净，尤其是夏季，每天换一次水。

（2）选择质量好的龟粮　乌龟喜欢吃有腥味的食物，最好用鱼、昆虫、虾等制作的龟粮。平时可以喂新鲜的肉类和虾类，将生的肉或虾切碎，喂给乌龟吃，不要喂食煮熟的肉和虾。

（3）适当晒太阳　平时天气好的时候，可以让乌龟晒晒太阳，尤其是巴西龟，要求每天能晒 2 小时太阳。可以将饲养容器搬到太阳底下，喜欢晒太阳的乌龟会主动爬到其他乌龟背上，以便晒到更多的阳光。

（4）冬眠护理　冬季来临时，乌龟会冬眠，放些沙子在饲养容器中，乌龟会钻进去冬眠。注意沙子不能全干，偶尔要洒上一些水，避免乌龟在沙堆里干涸而死。对于有水族箱的家庭，可以用灯光给乌龟取暖。

3. 宠物龟常见疾病

（1）白眼病　白眼病是由于宠物龟眼部受伤或水质污染，感染细菌所致。患病龟眼充血、肿大，眼球外表被白色分泌物盖住，行动迟缓，不愿摄食，严重时眼睛失明，最后因废食消瘦而死。此病多发于秋季、冬季和冬眠初醒后。绿毛龟发病率较高。平时应加强管理，补充营养，增强抗病能力。

（2）腐甲病　腐甲病是细菌感染所致。龟背甲一块或数块腐烂发黑，腹甲亦有腐烂，特别是春季、冬季越冬期间或越冬后期易发生此病。预防此病可服用维生素 E 制剂，加强营养，提高抵抗力。

（3）穿孔病　穿孔病是由多种病原体感染引起。患病龟初期在背甲、腹甲、四肢等处出现小疥疮，并逐渐增大，病灶四周发炎充血，严重时肌肉糜烂。此病一般发生于春季、秋季，温室养龟在冬季也会发生此病。防治可定期用 2.5% 食盐水将龟体浸洗 20 分钟，起到消炎杀菌作用。

（4）冬眠死亡症　在越冬以前，没有加喂脂肪和蛋白质等丰富的动物性饲料，导致龟体内储存的营养物质不能满足冬眠的消耗，或龟冬眠期水温过低引起发病。患病龟瘦弱，四肢疲弱无力，头缩入壳内，眼下凹，背部暗黑色，没有光泽。为预防此病，可在秋季越冬前，加喂动物肝脏，饲料中添加一定量的鱼油，同时采取防寒保温措施，越冬池水温度保持在 10℃ 左右为宜。

"鼠来宝"饲养与健康

1. 宠物仓鼠种类

仓鼠是一种流行的小型宠物，比较适合孩子和学生饲养。因为饲养仓鼠需要的空间不大，费用较低。仓鼠喜欢安静，不需要主人太多陪伴。目前宠物仓鼠主要有银狐仓鼠、金狐仓鼠、布丁仓鼠、奶茶仓鼠、黑腹仓鼠、加卡利亚仓鼠、黄金仓鼠、坎氏毛足鼠、罗伯罗夫斯基仓鼠、短尾仓鼠等。

（1）银狐仓鼠　银狐仓鼠是非常受欢迎的小型宠物，性格活泼好动，个性温顺、亲人、聪明。银狐仓鼠领地意识很强，需单独隔离饲养，不然会经常打架。体形比较胖的银狐仓鼠，温度高时，很容易中暑，还容易得湿尾症，需要仔细照顾，加以预防。

（2）金狐仓鼠　金狐仓鼠眼睛为黑色、皮毛雪白，极品金狐仓鼠浑身为纯白色，仅在背脊一线为金黄色，此线越宽越黄，品相越好。另外，极品金狐的耳朵应为白毛，耳部和臀部都有金黄色的绒毛。

金狐仓鼠属于杂食性的动物，一般不挑食，有把食物储存在腮内的习性，在无人的时候会把储存起来的食物吐出来慢慢品尝消化。

（3）布丁仓鼠　布丁仓鼠毛色很纯，有一对乌溜溜的大眼睛，模样可爱。饲养优点是不占空间，个性温驯。布丁仓鼠是仓鼠品种中最胆小的，受到攻击时，只会疯狂大叫，并不会主动回击。布丁仓鼠有点神经质，最不爱运动，吃得多，又爱睡觉。

20

（4）奶茶仓鼠　奶茶仓鼠适合新手饲养，这种仓鼠的性格温顺，脾气好，很少会咬人。饲养奶茶仓鼠要准备好专用粮、木屑、跑轮、磨牙石等，以及瓜子、花生等零食，同时注意保证奶茶仓鼠生活环境的卫生、干燥。奶茶仓鼠的毛色为浅灰色，就像珍珠奶茶色，整体色泽比较均匀，背线为稍深的灰色线，不是很明显，也有部分奶茶仓鼠不显背线。

（5）黑腹仓鼠　顾名思义，这种仓鼠腹部的毛是黑色的。黑腹仓鼠是目前为止体形最大的仓鼠种类，体形堪比豚鼠。

（6）加卡利亚仓鼠　加卡利亚仓鼠即黑线毛足鼠，仓鼠中的小型种类。尾和四肢均短小，体背毛灰棕色，背中央有一条明显的棕黑色纵纹。体侧毛色有明显分界，呈波状。四足的掌、趾部均覆有白毛，掌垫隐而不见。以植物为食，春季挖食草根，夏季啃食植物的叶茎，冬季则以植物种子和贮藏的种子为食物，夏、秋季也捕食些昆虫作为食物。

（7）黄金仓鼠　黄金仓鼠又称叙利亚仓鼠、金丝鼠、金丝熊。毛色是金黄色的，毛发上端是亮红棕色，背部中央的颜色会较深，耳朵下方可以见到有黑色条纹。胸部外侧毛发为黑色，胸部的中央有白色细长的条纹，腹部是灰色或者白色、乳白色。

（8）短尾仓鼠　短尾仓鼠又称埃氏仓鼠、短耳仓鼠。短尾仓鼠体形短而粗壮，四肢短小，耳形圆，尾短，体背黄褐色带灰，背毛灰黑色。具有夜行性的特点，大多在黄昏后开始活动，·直到拂晓为止，以植物性食物为主，也吃动物性食物。

2. 宠物仓鼠饲养要点

（1）温度环境要求　仓鼠体内无散热平衡系统，阳光暴晒下，会在短时间内死亡。仓鼠饲养适宜温度为20~28℃，饲养过程中应避免环境温度骤变，以防仓鼠患病。仓鼠是夜行动物，喜欢白天睡觉、晚上运动，尽

量避免改变其生活规律，从而影响它的寿命。为保证仓鼠居住环境舒适，仓鼠笼内可铺些木屑，既可以防凉驱热，又可以将尿液粪便遮掩。仓鼠喜欢在固定的地方进行排泄，木屑一般每周换1次，以保持其清洁干净，有效避免疾病的发生。仓鼠长时间不运动，会造成四肢退化，因此笼内应装有跑轮等基本运动工具。仓鼠是独居动物，领地意识很强，成年仓鼠尽量做到分笼饲养，否则会出现互斗现象，造成伤害。

（2）饲料食物要求　选择专门的仓鼠粮食，这类粮食多由谷类组成，如大麦、小麦、荞麦、瓜子等加工而成，也可以自制杂粮作为仓鼠的主食。为保证仓鼠营养均衡，主食之外需要给其搭配零食，如水果、蔬菜、面包虫等。水果尽量喂食脆硬的，如苹果。类似香蕉等软的水果，尽量少喂，因为它可能把软食囤积到颊囊处，排出时会很吃力。如果长时间堆积到颊囊处，会引起炎症。喂食仓鼠时，也可以适当添加一些酸奶、熟肉等，但尽量不要给其喂食含盐的食物。

3. 宠物仓鼠常见疾病

因为仓鼠胆小，所以日常休息时，尽可能不要惊扰它，创造一个安静的环境。保证仓鼠合理的膳食结构，保持生活环境的清洁和干燥，以及正常生活起居的习惯，是养好宠物仓鼠、预防各类疾病的根本措施。

（1）红眼病　主要是其居住环境不卫生，或者浴沙进入眼睛造成

的。另外，鼠笼潮湿、互相打斗引起的真菌等滋生蔓延也是重要的发病原因。防治措施有分笼单养，勤换木屑、常洗鼠笼，保持环境干燥、通风。

（2）皮肤病　致病原因有体外寄生虫、细菌或真菌感染，皮肤过敏、外伤等引起发病。预防措施是保持环境清洁、卫生。

（3）腹泻、排软便　不良饮食、气温变化异常和环境不良会引起发病。防治措施是尽量少喂食瓜果、蔬菜，保持食物的干净、卫生。

蜜袋鼯饲养与健康

1. 宠物蜜袋鼯种类

蜜袋鼯是袋鼯科袋鼯属哺乳动物。蜜袋鼯身披毛茸茸的蓝灰色外衣，耳朵薄而尖，眼睛大而圆，体态轻盈娇小，肚子呈奶油色，背部贯穿一条与众不同的黑斑。蜜袋鼯是大眼萌宠，可爱的外表造型能吸引很多爱宠人士，使其成为新型宠物。

（1）普色蜜袋鼯　普色蜜袋鼯通常是灰色的，背面有黑色条纹，下腹部通常是白色的。它们的色彩引人注目，是许多人的最爱。

（2）白色蜜袋鼯　白色蜜袋鼯有白色皮毛和黑色眼睛。它们有非常清晰或半透明的耳朵。所有体表的色素细胞都不发育，不能产生色素，所以全身是白色的。

（3）铂金蜜袋鼯　铂金蜜袋鼯有浅银色的身体被毛，背部有轻微的条纹和标记。幼蜜必须至少有1个铂等位基因，才能显示出铂金蜜袋鼯表型。

（4）马赛克蜜袋鼯　马赛克蜜袋鼯有很多图案，在它们的身体上显示不同量的白色色素，图案和颜色是随机的。

（5）奶油蜜袋鼯　奶油蜜袋鼯有奶油色或红奶油色的皮毛，棕色到红色的背部条纹和标记，以及深红宝石眼睛。这种颜色不会显性表现，是一种隐性基因控制的。

（6）白化蜜袋鼯　白化蜜袋鼯缺乏色素沉着。它有白色的皮毛和红色的眼睛。

（7）拼图蜜袋鼯　拼图蜜袋鼯很像马赛克蜜袋鼯，它们的身体上有不寻常的皮毛补丁。这些斑块通常为马赛克蜜袋鼯上的经典着色，与蜜袋鼯的马赛克着色形成鲜明对比，斑块呈大小不一。

2. 宠物蜜袋鼯饲养要点

刚买回家时，蜜袋鼯对环境很陌生，警惕心很强，直接接触容易让蜜袋鼯受到惊吓而猝死。蜜袋鼯跟主人熟悉是个长期的过程，需通过换食、换水、互动的过程逐渐熟悉、慢慢上手。饲养中注意以下事项。

（1）笼子要求　选择较高的笼子。因为蜜袋鼯属于树栖性动物，需要攀爬，对高度有比较高的要求，一般 1 米左右高度能满足蜜袋鼯的需要。蜜袋鼯的窝要建在笼子的中上层，最好有 2~3 个棉布类材质的睡袋。笼子里最好不要用圆孔状开口的窝，容易使蜜袋鼯排斥主人。

（2）温度要求　蜜袋鼯属于哺乳动物，是恒温动物，需要适宜的温度。温度过低，蜜袋鼯就会死亡，最佳温度是 20~30℃，过冬时，在笼子顶端安装一个保温灯即可。

（3）专用的饲粮　蜜袋鼯属于杂食性动物，有时吃虫子，有时吃花蜜，食性比较复杂。人工养殖时，专用蜜粮一般能满足蜜袋鼯的营养需要，也可喂食一些昆虫类饲料。

（4）护理要求　蜜袋鼯洗澡若直接接触水，很有可能让蜜袋鼯受凉，出现拉稀、拒食，甚至死亡的现象。可以买一包浴沙，把蜜袋鼯放在浴沙上，当其闻到浴沙的特殊气息时，会自动清理身体。蜜袋鼯是一种喜欢群居的动物，如果只养 1 只，恐怕养活的概率不高。最好是一次养 2 只，让它们有个伴。

3. 宠物蜜袋鼯常见疾病

在蜜袋鼯日常饲养中，需每天留意它的状态，如发现它有任何不适及异常情况，需及时询问执业兽医，做到早发现、早治疗。

（1）眼病　蜜袋鼯容易患有先天性遗传性白内障，瞳孔呈现白色或浑浊状。在野外环境中的蜜袋鼯经常在树间滑行，而它们的眼睛较为凸出，很容易在其行动过程中，因擦撞导致角膜损伤。

（2）牙结石和牙周病　人工饲养的蜜袋鼯拥有多样性的饮食习惯，容易产生牙结石及患牙周病。必要时可请执业兽医为其进行口腔清洁等，以保持蜜袋鼯口腔及牙齿的健康。

（3）肠炎和脱肛　小型哺乳动物较容易因感染导致细菌性、寄生虫性、病毒性肠炎，严重时表现为下痢、脱肛。为防止脱出的肠管发炎坏死，需尽快进行治疗。

（4）肌肉无力　蜜袋鼯可能因缺钙，缺乏维生素 A、维生素 E、维生素 D 等，而发生肌肉无力，甚至痉挛、麻痹等症状。

（5）肿瘤　蜜袋鼯较容易得淋巴系统肿瘤。这类肿瘤可能破坏脾、肝、肾等器官，致死率高。

（6）皮肤病　蜜袋鼯的皮肤健康不仅需要日常营养支持，还离不开洁净的生活环境。当蜜袋鼯的饲养条件发生改变时，如饲养环境不洁、营养不良、感染等，可能导致其皮肤发炎、发红等问题。

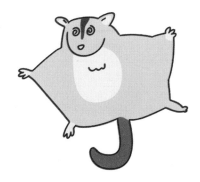